누구나
따라 할 수 있는
돈이 되는
발명★특허

누구나
따라 할 수 있는

돈이 되는
발명 ★ 특허

김상준 지음

바이북스
ByBooks

프롤로그

일상의 아이디어를 발명특허로
이제 꿈이 아닌 현실이 된다

누구나 한 번쯤 기발한 아이디어가 떠오를 때가 있다. 그것을 들은 주변 사람들이 "오~~ 이거 특허 내면 대박 나겠는데?"라며 감탄해도 실제로 발명을 하고 특허까지 내는 사람은 흔치 않다. 이유는 그 방법을 모르기 때문이다. '이런 발명품이 이미 어딘가에 있겠지'라며 아까운 아이디어를 그냥 흘려보내게 된다.

현재도 마찬가지지만 우리는 그동안 발명이나 지식재산권에 대해 제대로 된 교육을 받아보지 못했다. 나 역시 마찬가지였고 고작해야 어렸을 적 주변의 재활용품을 이용해 발명품 만들기 과제를 해간 정도가 전부였다. 이러한 이유에서인지 발명을 하고 이것을 특허까지 낸다는 건 아직도 우리에게 무척이나 생소한 일이고 때로는 신기해 보이기까지 하다. 때문에 발명은 아주 특별한 재능을 가진 소수의 사람들만이 할 수 있는 것으로 생각하기 쉽다. 하지만 그렇지 않다. 간단한 방법과 과정만 이해한다면 누구나 작은 아이디어만으로도 발명을 할 수 있고 심지어 특허까지도 낼 수 있다.

내가 발명과 인연을 맺기 시작한 건 10년 전 우연히 떠오른 아이디어를 흘려보내지 않고 발명을 해 특허를 출원한 것이 그 시작이었다. 그때만 해도 순전히 호기심으로 시작한 것이었기에 '설마 이게 진짜 특허를 받겠어?'라는 회의적인 생각이 더 컸던 것이 사실이었다. 하지만 반신반의했던 첫 번째 발명이 특허등록을 받으면서 순간의 호기심은 자신감과 성취감으로 바뀌었고 그때부터 발명가로서의 또 하나의 삶이 시작되었다.

그렇게 하나둘 발명을 하고 특허를 출원해오면서 궁금했던 것들이 참 많았다. 과연 이것이 발명이 맞는 건지, 똑같은 발명품이 이미 존재하는 것은 아닌지, 특허는 어떻게 내는 건지, 특허명세서는 어딜 봐야 하는 건지. 하지만 이러한 궁금증들을 속 시원하게 알려주는 곳을 찾기 힘들었다. 목마른 사람이 우물을 판다고 그때부터 발명하는 방법과 원리들 그리고 지식재산권에 대한 공부를 하며 궁금했던 부분들을 하나씩 채워나갔고, 현재는 특허 등 다수의 산업재산권을 출원하며 발명을 알리기 위한 발명 · 지식재산권 강사로 활동하고 있다. 이러한 경험을 바탕으로 나와 같은 사람들에게 조금이라도 도움이 되고 싶어서 우리가 생활하면서 우연히 떠오른 아이디어를 발명으로 완성시키고 특허출원을 거쳐 등록을 받는 순간까지 일반인들이 궁금할 만한 것들과 알아야 할 것들, 또 알면 유익한 정보들을 정리해서 책을 출간하기로 마음먹었다.

나는 전혀 특별하지 않은 평범한 직장인이다. 천재성을 지닌 여러 발명가들과 지식재산권 전문가인 변리사 등 나보다 뛰어난 사람들은 차고도 넘친다. 책을 출간하는데 스스로 많이 망설였던 이유 중 하나였다. 그럼에도 불구하고 용기를 내서 책을 출간하는 이유는 지금까지 내가 경험한 대다수의 일반인들은 발명과 지식재산권에 대해서는 전문적인 교육보다 기초적인 교육이 더 필요하기에 도움이 될 거라는 생각이 들어서다. 그런 이유로 나의 이러한 평범함은 오히려 장점이 될 수도 있을 거라는 생각을 하게 되었다. 누구보다 평범하기에 일반인의 시각에서 바라볼 수 있었고 딱히 전문적이지 않기에 누구나 이해하기 쉬운 말로 글을 쓸 수 있었기 때문이다.

발명과 지식재산권은 자칫 어렵고 딱딱해 보일 수 있는 분야이지

만 되도록 이해하기 쉽게 일반인의 눈높이에 맞춰 설명하도록 노력
했다. 때문에 이 책은 발명에 관심이 있거나 발명대회를 준비하는
분들, 특허를 출원할 계획이 있는 분들이라면 반드시 알고 준비해야
하는 내용들로 채워졌다. 이러한 노력이 작게나마 도움이 되기를 바
라며 한 장 한 장 읽어나가다 보면 발명이 어렵지 않고, 생활에서 느
끼는 불편함을 해소해 나가는 게 발명의 시작임을 이해하게 될 것이
다. 또한 이러한 과정이 반복되면서 스스로의 문제해결능력이 점차
향상돼가는 것을 느끼게 될 것이다.

　지금은 어느 때보다 창의성이 강조되는 시대이고 21세기는 지식
재산권의 시대라 해도 과언이 아니다. 이제 지식재산권은 우리 삶과
도 밀접한 관련이 있으며, 이를 알아야 앞으로의 세상을 보다 현명하
게 준비할 수 있다. 발명하는 방법을 배우고 나아가 지식재산권을 이
해함으로써 미래의 주역이 되는 데 도움이 되었으면 한다. 시간은 걸
리겠지만 의지만 있다면 누구나 세상에 하나뿐인 나만의 발명품을
만들어 특허청에 등록하고 멋진 특허증을 품에 안을 날이 올 것이다.

c o n t e n t s

chapter 2

이렇게만 하면 진짜 발명이 된다고?

생활 속 아이디어로 대박 난 발명품들. 이야기를 통해 재미있게 배워볼까?

chapter 3

어렵게만 느껴지는 특허 지금부터 친해져 볼까?

특허는 처음이지? 지금부터 한번 친해져 볼까?

chapter 4

특허출원을 생각한다면 이것만 알고 갈까?
당장은 몰라도 되지만 특허낼 때 알아두면 유용한 정보

chapter 5

재미 쏙! 상식 쑥! 발명과 특허 에피소드

알면 알수록 재미있는 발명과 특허의 세계로 떠나볼까?

부록

이해하고 나면 너무나 쉬워지는 발명!
그 비밀을 파헤쳐 보자!

chapter 1

발명은
어떻게
하는 걸까?

발명가의 비밀노트

일상생활 속에서 불편한 점을 찾았다면

이렇게 해보자.

1. 문제점이 뭔지 생각해보기.

2. 개선할 수 있는 방법 생각해보기.

3. 발명의 효과 생각해보기.

4. 소비자의 관점에서 생각해보기.

나는 이렇게
발명해서 특허 냈다

　우리는 발명을 어떻게 생각하고 있을까? '어려울 것 같다.' '고도의 지식이 있어야만 할 수 있을 것 같다.' '타고난 천재들만 할 수 있는 분야일 것이다.' 이것이 아마 보통 사람들이 생각하는 발명일 것이다. 나 역시 이러한 생각을 가지고 살아가던 평범한 1인이었다. 그런 내가 어떻게 발명을 해서 특허까지 받게 된 걸까? 그 이야기는 10년 전 어느 캠핑장에서부터 시작된다.

　반복되는 일상에서 벗어나 자연을 만끽할 수 있는 캠핑은 예나 지금이나 변함없이 인기 있는 취미 생활이다. 이러한 캠핑에서 빼놓을 수 없는 백미를 꼽는다면 아마도 저녁 무렵 숯불에 구워먹는 바비큐일 것이다. 불그스레 달아오른 참숯에 두툼한 고기를 올리고 소금을 뿌린 뒤 노릇노릇 구워지는 고기를 바라보고 있으면 세상 시름이 다 사라지는 듯하다.

　그런데 이 행복한 순간에 찾아오는 불청객이 있다. 다름 아닌 바비큐 숯에서 발생하는 화재가 그것이다. 고기에서 흘러나온 기름이 숯에 떨어지면 순간적으로 화력이 강해져 불꽃이 피어나는 경험을 누구나 한 번쯤 해봤을 것이다. 그대로 방치할 경우 오매불망 기다리던 고기가 검게 그을리는 대참사가 일어나기에 누가 먼저랄 것도 없이 일사불란하게 화재 진압을 시작하느라 주위는 한바탕 소동이 벌어진다.

늘 있어 왔기에 어찌 보면 당연하게 느끼는 이런 불편함에 대해 당신은 어떻게 대처하고 있는가? 반복되는 훈련을 통한 신속한 상황대처로 피해를 최소화시킨다든지 또는 은박지를 깔고 그 위에 고기를 굽는다든지 각자가 나름대로의 노하우를 가지고 있을 것이다. 나 역시 이러한 과정을 거치며 당연함에 익숙해지던 어느 날 문득 이런 생각을 하게 되었다. 화재 시 석쇠를 신속하게 이동시킬 수 있는 방법이 없을까? 숯의 화력을 조절할 수 있는 방법은 없을까? 그렇게 고민을 해본 결과 다음과 같은 해결방법을 생각하게 되었다. '바비큐 장치에 높낮이를 조절할 수 있는 구조물을 설치한다면 화재 시 높낮이 조절용 손잡이를 잡아당기는 것만으로도 신속하게 고기를 대피시킬 수 있지 않을까?'

이렇게 기본적인 아이디어를 구상한 나는 여기에 좌우로 이동이 가능한 고정용 핀을 이용해 단계별로 높이를 조절할 수 있는 장치를 추가했고, 원형 불판에서도 사용이 가능하도록 다리 부품을 곡선으로 바꿔 장착할 수 있도록 발전시켰다. 그렇게 생전 처음으로 발명이라는 것을 시도한 나는 좀 더 욕심을 내 특허까지 내보면 어떨까 하는 생각을 하게 되었다. 그런데 일반인이 할 수 있는 영역은 사실 여기까지다. 실제로 대부분의 사람들이 이 단계에서 그치게 된다. 발명을 배워본 적이 없기에 이 아이디어가 발명이 맞는 건지. 이미 이런 발명품이 존재하는 것은 아닌지. 특허를 내려면 어떻게 해야 하는지. 고민만 하다 이내 포기하게 된다.

특허 내는 방법을 인터넷 검색을 통해 찾아본 후 변리사 사무소에 전화를 걸어 발명의 내용과 특허에 대한 기본적인 상담을 한 뒤 안내에 따라 발명의 요점을 설명하는 발명설명서를 작성했다. 하지만 정작 문제는 이를 설명할 만한 도면을 그릴 방법이 없었다. 어려서부터 그림 그리는 재주와는 거리가 멀었던 탓에 도면이라는 최대난관에 부딪히게 되었다. 하지만 이가 없으면 잇몸으로 산다고 하지 않았던가. 인터넷에서 비슷해 보이는 부품 사진들을 캡처해 조각조각 붙이는 것으로 도면을 대신했다. 지금 생각해보면 참으로 어처구니없는 장면이지만 사실 특허사무소에서는 도면까지 작성해주기 때문에 발명의 내용을 설명할 수만 있다면 그것이 그림이든 사진이든 크게 상관은 없다. 내가 설명한 아이디어를 기초로 담당변리사는 특허명세서와 도면을 작성해 보내주었고 몇 번의 수정 과정을 거쳐 마침내 특허를 출원하게 되었다. 여기서 특허명세서란 발명의 내용을 정리해 특허청에 제출하는 일정한 형식의 문서를 말한다.

그렇게 우여곡절 끝에 출원한 특허는 이후 별다른 소식이 없었고 내 기억 속에서도 희미해질 무렵 등록결정을 알리는 연락을 받게 되었다. 장장 2년이라는 시간이 걸려 특허증이 도착했을 때의 기쁨과 성취감은 이루 말할 수 없다.

캠핑장에서의 화재사건이 계기가 된 나의 첫 번째 발명은 특허를 등록받게 되었고, 이때부터 생활 속 불편함을 찾아 발명을 하는 취미를 갖게 되었다. 이후로도 바퀴가 달린 이동부재를 이용해 편리하게 빨래를 널 수 있는 빨래건조대, 프레임이 내장된 조끼를 착용해 이동 중에도 쉽게 링거액을 맞을 수 있는 링거조끼, 길게 늘어선 링거줄을 정리해 부착할 수 있는 링거줄 정리장치, 링거대 바퀴의 구조를 변경해 보다 안정적으로 지지할 수 있는 이동식 링거대, 바코드 간 매칭을 통해 두 가지 색깔만으로 쉽게 환자 확인을 할 수 있는 환자 확인장치 등을 발명해 특허를 내

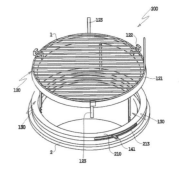

등록특허:10-2174838

게 되었다.

이렇듯 발명은 우리가 '일상생활 속에서 느낀 불편함을 어떻게 바라보고 접근하느냐'에서부터 시작한다. 똑같은 상황 속에서도 '왜 그럴까?'라는 생각과 '원래 그런 거니까'라는 생각의 차이에 따라 전과 같이 불편함을 감수하며 살아갈 수도 새로운 발명품을 만들어낼 수도 있는 것이다.

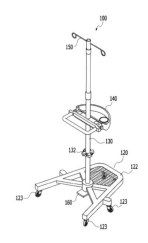

등록특허:10-2174838

발명 도대체 어떻게 하는 걸까?

어릴 적 내 꿈은 뭐였을까? 각자 다양한 꿈이 있었겠지만, 그중에는 아마 발명가를 꿈꾸었던 이들도 있었을 것이다. 또 어쩌면 지금 이 순간에도 발명을 해보고 싶지만, 방법을 몰라서 머릿속에 있는 아이디어를 소중히 간직만 한 채 살아가는 이들도 있을 것이다. 자고 나면 새로운 아이디어 상품이 쏟아져 나오고 누군가는 기발한 아이디어 하나로 특허를 내 대박이 나기도 한다. 이들은 대체 어떤 사람들이고 어떻게 이런 발명품을 만들게 되었을까?

발명을 잘하는 사람들은 공통적으로 다음과 같은 발명의 원리를 잘 이해하고 있다. 그것은 바로 "불편한 것을 찾아서 편리하게 만들면 발명이다."라는 점이다. '에이, 그게 무슨 발명이야?'라고 생각할지 모르지만 사실 이 간단한 문구가 발명의 본질을 가장 잘 나타내는 말이다.

이렇듯 간단한 생각의 전환만으로도 우리가 찾을 수 있는 발명의 소재는 순식간에 무궁무진하게 늘어난다. 생활하면서 보고 듣고 느끼는 모든 것이 바로 발명의 소재가 될 수 있기 때문이다. 주변의 물건들을 가만히 한번 살펴보자. 무엇 하나 그냥 만들어진 것이 없다. 누군가는 어떤 상황에서 불편한 점을 느꼈을 것이고, 그 불편함을 해소하기 위해 연구를 거듭한 끝에 만들어낸 결과물이다. 이것이 바로 발명이다.

우리는 생활하면서 늘 크고 작은 불편한 상황들과 마주하게 된다. 그렇게 느낀 불편한 점이 바로 발명의 소재가 된다. 남들이 발견하지 못한 좋은 소재를 찾았다는 것만으로도 이미 발명을 반 이상 했다 해도 과언이 아니다.

다음으로 불편함을 느꼈던 문제의 원인을 찾는 데 집중해본다. 이렇게 생각해낸 문제점은 해당 발명을 하는 데 있어 가장 중요한 단초를 제공하게 된다. 이어서 문제 해결을 위한 다양한 발명 기법들이 적용될 것이며, 이 중 가장 효율적인 방법을 통해 새로운 발명품이 탄생하게 되는 것이다.

딸: 엄마! 일기예보에서 오늘 날씨 좋다는데 왜 우리 집 밖은 맨날 비 올 거 같아?

엄마: 응~ 원래 맑은데 베란다 유리창이 더러워서 그래.

딸: 깨끗하게 청소하면 되잖아.

엄마: 아파트 유리창은 너무 높이 있고 손이 닿지 않아서 청소
　　　하기가 힘들어요.

누구나 공감하는 내용이다. 이런 상황에서는 어떤 발명을 할 수
있을까?

　1. 발명의 소재 찾기

아파트에서 외부 유리창을 청소하는 것이 불편하다.

　2. 문제점 분석해보기

고층 아파트 특성상 외부 유리창 청소는 손이 잘 닿지 않고 위험하다.

　3. 개선방법 생각해보기

다양한 발명기법 중 더하기 기법을 활용해 문제에 접근해본다.

　4. 발명의 효과 예상해보기

헝겊과 자석을 결합한다면 자석의 원리에 의해 내부에서 유리창을 닦으
면 외부 유리창도 동시에 닦을 수 있게 된다.

　좀 더 구체적으로 설명하면 유리 사이에 헝겊과 헝겊을 양쪽에
대고 그 뒤에 각각 자석을 위치시킨다. 그럼 자력에 의해 양쪽 헝겊
이 유리창에 달라붙게 된다. 자석이 부착된 헝겊을 안쪽에서만 움직

여도 바깥쪽 유리창에 붙은 자석도 같이 움직여 외부 유리창도 동시에 닦을 수 있게 된다. 이러한 자석의 원리를 이용해 내부에서 움직이는 것만으로 외부 유리창도 함께 닦을 수 있는 발명의 효과가 나타나게 되는 것이다.

나는 이러한 일련의 과정을 발명구상의 4단계라 부른다. 일상생활에서 불편한 상황과 마주하게 될 때 이러한 발명구상의 4단계를 적용해 문제를 바라보면 발명이 정말 쉬워진다. 간단한 내용이지만 이러한 내용은 나중에 발명설명서나 특허명세서에도 들어가는 중요한 내용들이다.

이렇듯 불편한 점과 개선방법 그리고 개선 후 효과 등의 기본적인 뼈대를 갖추면 발명의 기본적인 틀이 만들어지게 된다. 여기에 더해 구상한 아이디어를 발명자의 관점이 아닌 소비자의 관점에서 다시 한 번 살펴본다면 상업적으로도 성공 가능성이 높은 발명에 한층 더 다가갈 수 있게 된다.

발명은 하나가 만들어지면 또 다른 개량발명으로 이어질 가능성이 크다. 앞서 설명한 자석을 이용한 유리창 청소장치를 이어서 얘기하자면 이 자체도 아주 훌륭한 발명품이지만 여기에서 몇 년 전 또 다른 발명품이 만들어졌다. 설명에 앞서 여러분도 한번 생각해보자. 여기에서 또 어떤 점이 불편한지 말이다. 그것은 바로 자석의 강도 조절이다.

자석이 일정한 강도로 고정되어 있으면 사용자에 따라 그 강도가 너무 강하면 움직이기가 힘들고 너무 약하면 잘 닦이지 않는 문제가 발생하게 된다. 또 집마다 유리창의 두께가 다르기 때문에 2중 3중 유리에는 자력이 상대적으로 약할 수도 있고 단일 유리에는 지나치게 강할 수도 있는 문제가 있다. 이러한 문제점을 발견한 어느 발명가는 위와 같은 불편함을 개선하고자 다이얼로 돌리는 형식으로 자석의 심도를 조절해 사용자의 편의에 맞춰 사용할 수 있게 만들었고 바로 이 부분이 신규성과 진보성을 인정받아 발명대회에서 입상하고 특허까지 등록받게 되었다.

발명은 천재들만
하는 것 아니었어?

　흔히 발명이라고 하면 특별한 재능을 타고난 천재들만 하는 것으로 생각하는 사람들이 많다. 하지만 그렇지 않다. 사실 발명은 방법만 알면 누구나 할 수 있다. 그렇다면 우리가 발명을 어렵게 생각하는 이유는 대체 뭘까? 다양한 이유가 있겠지만 내가 생각하는 가장 큰 이유는 아마도 지금까지 한 번도 발명을 접해보지 못했기 때문이 아닐까 생각한다. 그렇기에 막연히 발명은 어려운 것이고 에디슨이나 스티브 잡스 같은 천재들만 하는 분야라 생각해 관심 자체를 갖지 않아서이다. 하지만 발명의 원리를 이해하고 생활 속 불편함에 작은 관심만 갖는다면 평범한 사람도 얼마든지 할 수 있는 것이 발명이다.

　보편적으로 발명에 소질을 보이는 사람들을 살펴보면 몇 가지 공통점을 찾아볼 수 있다. 그들은 우선 관찰력이 매우 좋다. 때문에 똑같은 상황에서도 남들이 잘 보지 못하고 느끼지 못하는 부분을 세밀하게 관찰하고 문제점을 잘 찾아내는 특징을 가지고 있다. 또 호기심이 많아서 다양한 사물이나 현상에 관심을 가지며 이를 기반으로 각기 다른 사물간의 유기적인 연관성을 잘 파악해내는 능력을 가졌다. 이러한 이유 때문인지 직관력도 좋은 편이어서 문제의 본질에 빠르게 접근하는 편이다.

이러한 능력은 타고나는 것도 있지만 후천적으로도 얼마든지 개발이 가능하다. 그 시작은 바로 주변 현상에 관심을 갖는 것부터이다. 어떤 계기를 통해 하나의 발명을 하게 되면 여기에 흥미를 느끼고 또 다른 발명의 소재를 찾는 습관을 자연스레 갖게 된다. 이러한 일련의 행위가 반복될수록 그 능력은 점점 발전해나가고 이는 계속적인 선순환의 고리로 이어지게 된다. 무엇이든 처음이 어렵지 원리와 방법을 깨닫게 되면 이후부터는 가속도가 붙게 된다.

예전에 인상 깊게 봤던 광고 하나가 생각난다. 광고의 내용은 다음과 같다. 예쁜 아가씨가 명품 핸드백을 들고 아이스크림을 먹으면서 멋진 반려견과 함께 거리를 걸어가고 있다. 주위에 있던 사람들 모두 똑같은 광경을 보고 있지만 관심 있게 바라보는 곳은 각자 다르다. 바로 앞에 있던 귀여운 꼬마는 맛있는 아이스크림을 바라보고 있고, 옆에 지나가던 개는 멋진 여성의 반려견을 바라본다. 또 남자들은 여자의 예쁜 얼굴을 보고 있고 여자들은 그녀가 들고 있는 명품백을 바라보고 있다. 재미있는 광고다. 이 광고가 주는 메시지는 분명하다. 바로 "사람은 자기가 보고 싶은 것만 본다."는 것이다.

사실 평소에 잘 느끼지 못하지만 광고와 같은 현상은 우리에게도 늘 일어나고 있다. 여러분은 커피숍에 가면 어떤 것에 관심을 갖게 되는가? 만약 여러분의 직업이 바리스타라면 커피를 마시며 주로 이런 생각을 할 것이다. 지금 마시는 커피 원두의 생산지는 어디일까? 로스팅은 알맞게 됐고 커피 추출은 잘된 걸까? 만약 같은 장소에 인테리어 디자이너가 있다면 똑같은 커피를 마시면서도 그는 커피숍 내부 인테리어에 주로 관심을 가지고 주위를 살펴볼 것이다.

그렇다면 발명가들은 어떤 생각을 하며 커피를 마실까? 모두 똑같지는 않겠지만 나는 주로 이런 생각을 하며 커피를 마시게 된다. 난 아메리카노를 시켰는데 카페라떼도 같이 먹고 싶다. 그렇다면 이 둘을 동시에 맛볼 수 있는 방법은 없을까? 만약 중간이 나누어져 있는 컵이 있다면 반반 메뉴로 시켜서 동시에 두 가지 맛을 볼 수 있을 것 같은데 이런 컵을 발명해보면 어떨까? 또는 뜨거운 커피와 적당한 온도의 커피를 구별할 수 있는 방법은 없을까? 온도에 따라 색깔이 변하는 빨대가 있으면 좋을 것 같은데…… 등 끊임없이 발명할 소재를 찾게 된다.

무언가에 관심을 갖는다는 것은 향후 이를 발전시켜 나가는 데 매우 중요한 요소로 작용하게 된다. 이렇듯 발명가와 일반인의 가장 큰 차이점은 생활 속의 작은 관심과 거기에서 느낀 불편함을 대하는 방식의 차이라 말할 수 있다. 발명 아이디어의 소재는 늘 우리들 주변에 있다. 발명을 해보고 싶다면 우선 관심을 가지고 주변을 살피는 습관을 먼저 가져보기 바란다. 언젠가 당신도 좋은 발명 소재를 찾고 이를 해결할 기발한 아이디어가 떠오를 날이 올 것이다.

수학, 과학을 못 해도
발명을 할 수 있을까?

늘 엉뚱한 행동을 하여 친구들에게 따돌림을 당하고 학교생활에 적응하지 못해 결국 자퇴까지 했던 사람이 있었다. 그렇게 학교에서 소외된 그는 가정에서 어머니에게 따로 교육을 받으며 자라야만 했다. 그때까지만 해도 그가 인류에게 새로운 세상을 안겨줄 위대한 발명가가 될 거라고 생각하는 사람은 아무도 없었다. 이미 잘 알려진 이 일화는 바로 토머스 에디슨 이야기이다. 수없이 많은 발명품을 탄생시켰지만 그를 회고한 그 어떤 기록에도 그가 공부를 잘했다는 얘기는 찾아볼 수 없다. 나 또한 학창시절에 공부에는 전혀 소질이 없었다. 물론 그렇다고 해서 발명가는 공부를 못한다고 일반화시키는 것은 아니다. 하지만 적어도 공부를 못한다고 해서 발명도 못하는 것은 아니라는 말을 꼭 해주고 싶다.

우리는 왜 발명을 잘하기 위해서는 공부를 그중에서도 특히 수학, 과학 같은 과목을 잘해야 된다는 선입견을 가지고 있을까? 그것은 아마도 우리가 알고 있는 유명한 발명가들 중에는 이러한 분야에 뛰어났던 사람들이 많아서 그렇지 않나 생각된다.

대표적으로 의사이자 발명가 겸 화가였던 레오나르도 다빈치, 당대 에디슨과 쌍벽을 이루었던 천재 발명가 니콜라 테슬라 그리고 아이폰을 발명한 스티브 잡스 등이 그렇다. 사실 이런 분들은 명실공히 천재라 불리는 사람들이다. 한 시대를 풍미했고 발명을 통해 인류에게 새로운 세상을 열어주었다. 발명의 내용들을 살펴보더라도 대부분 고도의 지식을 가져야만 할 수 있는 발명들이 주를 이루었다. 우리는 이렇게 위대한 발명가들만 보고 들으며 자라다 보니 발명은 천부적인 재능을 갖춰야만 할 수 있다는 선입견을 갖게 된 것이 아닐까.

하지만 발명이 꼭 이런 거창한 것들만 존재하는 것은 아니다. 물론 발명의 내용에 있어 특정 분야의 전문지식이 필요한 경우에는 그와 관련된 학문이 선행되어야 한다는 것에는 이견이 없다. 하지만 우리가 배우고자 하는 생활발명은 일상생활에서 느낀 불편한 점들을 찾아서 개선하는 발명이다. 때문에 생활발명은 한 분야의 깊이 있는 지식보다 여러 가지 사물에 대한 관심과 폭넓은 시야를 가지고 이를 조합해낼 줄 아는 능력이 더 중요하다고 말할 수 있다. 일례로 우리가 일상생활에서 흔히 쓰고 있는 주방 도구라든지 욕실 용품이나 청소도구들을 살펴보자. 대부분이 수학이나 과학적 지식이 없더라도 몇 가지의 발명 원리만 이해하고 적용해 보는 것만으로도 충분히 발명할 수 있는 것들이다.

그렇다면 이렇게 간단한 방법만으로 만든 발명품들은 모두 별 볼일 없는 발명품들일까? 그렇지 않다. 간단한 아이디어지만 그 발명의 효과로 인해 많은 사람들이 느끼던 불편함을 해결해낸다면 누구보다 좋은 발명을 한 것이다. 예를 들면 기존의 LPG차의 가장 큰 단점 중 하나인 트렁크의 용량 문제를 해결한 도넛형 LPG용기를 살펴보자. 발명가는 단순히 LPG용기의 모양의 변화와 그 위치변경만으로 트렁크의 공간문제를 획기적으로 개선해냈다. 발명의 내용을 보면 느끼겠지만 이러한 발명은 어떠한 전문지식 없이 단순히 발상의 전환만으로도 충분히 가능한 발명이다.

만약 여러분이 핸드형 청소기와 스탠드형 청소기를 결합한 청소기를 구상하고 있다면 우리는 그 형태적인 특징과 구조적인 결합을 설명하고 증명하는 것만으로도 발명을 하고 특허를 받을 수 있다. 이러한 발명을 위해서 청소기의 핵심부품인 전기모터에 대해 알지 못해도 된다. 그것은 엄밀히 말하면 또 다른 발명에 해당하고 설령 이와 관련된 아이디어가 있다 하더라도 하나의 특허에 두 가지의 발명 특허를 받는 것은 불가능하다.

결론적으로 화학약품이나 전자제품 등 고도의 지식이 필요한 특정 분야에 관련된 발명을 제외한 일반적인 아이디어 발명은 우리가 생각하는 것처럼 수학이나 과학적 지식이 크게 필요하지 않다. 발명에서 가장 중요한 것은 특정 분야의 전문지식이 아닌 고정관념에서 벗어나 사물을 바라보는 발상의 전환인 것이다.

내가 가진 아이디어
발명일까? 아닐까?

생활 속 불편함에서 찾은 아이디어 중 가끔은 내가 생각해도 꽤 괜찮아 보이는 아이디어가 떠오를 때가 있다. 그 순간 우리는 이런 고민을 하게 된다. 지금 생각한 이 아이디어가 과연 발명인 걸까? 이것도 특허를 받을 수 있을까?

어떤 아이디어는 발명이고 또 어떤 건 아닐까? 그 구분을 위해서는 먼저 발명과 발견의 차이를 구분할 줄 알아야 한다. 먼저 이들의 사전적 의미를 살펴보면 이렇다.

발명 : 아직까지 없던 기술이나 물건을 새롭게 생각하여 만들어 내는 것.

발견 : 미처 찾아내지 못했거나 아직 알려지지 아니한 사물이나 현상, 사실 따위를 찾아내는 것.

둘 다 비슷한 뜻 같은데 대체 무슨 차이가 있는 걸까? 그것은 바로 해당 결과물에 기술적 사상의 창작이 녹아 있느냐 없느냐의 차이라고 말할 수 있다. 쉽게 예를 들어보면 이렇다.

샤워를 하는데 샤워기를 고정할 수 있는 거치대가 없다면 어떨까? 한 손으로 샤워기를 잡고 있어야 하기 때문에 상당히 불편할 것이다. 그런데 이때 A라는 사람이 좋은 아이디어를 떠올리게 된다. 바로 옆에 있던 나뭇가지와 같은 구조물에 샤워기를 걸쳐서 고정하게 된다면 위와 같은 불편함에서 벗어날 수 있다고 생각한 것이다. 한편 같은 문제로 고민하던 B는 우리가 현재 사용하고 있는 샤워기 거치대를 구상하게 된다. 이처럼 A와 B 모두 동일한 문제에서 출발해 서로 방법은 다르지만 양손이 자유로워졌다는 동일한 효과를 얻게 되었다.

자! 그럼 둘 중 발명을 한 사람은 누구일까? 짐작하겠지만 바로 B다. 둘 다 똑같은 불편함을 해결한 아이디어를 떠올렸는데 A의 경우는 왜 발명이라 말할 수 없는 걸까? 그 이유는 A의 문제해결 과정에는 샤워기를 무엇인가에 거치해 고정하겠다는 사상의 창작만 있고 그 속에 기술적 창작이 들어 있지 않기 때문이다. 다시 말해 A가 생각한 아이디어는 사물의 현상이나 사실을 찾아낸 발견을 한 것이라 말할 수 있는 것이다. 반면 B가 고안한 샤워기 거치대는 간단하지만 다음과 같은 기술적 요소를 찾아볼 수 있다.

1. 샤워기가 떨어지지 않도록 고정대의 하면은 샤워기의 구경에 비해 작게 형성되어 있다.
2. 샤워기 호스가 거치대의 내부로 쉽게 진입할 수 있도록 일 측면이 개방되어 있다.
3. 거치대를 피스로 벽면에 부착하기 위해 거치대 후면에 2~3개의 구멍이 뚫려 있다.

이처럼 발명과 발견의 차이는 문제 해결을 위한 방법 속에 인위적인 기술적 요소를 내포하고 있는지 아니면 단순한 사물이나 현상을 찾은 것인지로 구분할 수 있다.

또 하나 우리가 흔히 잘못 이해하고 있는 발명의 개념이 있다. 그것은 바로 발명이란 어떠한 사물의 완전체만을 의미하지 않는다는 것이다. 어떤 물건을 구성하고 있는 각 부분은 각자가 하나의 발명에 해당한다고 말할 수 있다.

예를 들어 우리가 발명을 한 것이 "척추를 곧게 펴는 데 도움을 주는 의자"라고 가정한다면 척추를 곧게 펼 수 있도록 도와주는 등받이 부분만으로도 하나의 발명인 것이고 바로 이 부분을 특허로 받는 것이다. 이를 위해서 의자를 하나부터 열까지 모두 만들 줄 알아야 발명인 것이고 특허를 받을 수 있는 것이 아니라는 말이다. 우리가 일상에서 흔히 사용하고 있는 스마트폰 역시 그 자체가 하나의 혁신적인 발명품에 해당하지만 세분화시켜 보면 스마트폰을 구현하는 데 관련된 특허만 수십만 개가 넘는다. 이와 관련된 특허 하나하나를 모두 다른 발명이라 말할 수 있으며 각자가 독립된 권리를 가지고 있다.

일반인들에게 발명의 개념에 대해 물어보면 대부분이 발명을 너무 광범위하게 이해하고 있다. 원천발명만을 상기시키는 이런 모호한 발명의 정의는 우리가 발명을 어렵게 느끼는 이유 중 하나일 것이다. 기술적으로 아무런 지식이 없는 평범한 학생이나 주부들이 발명을 하고 특허를 받는 것은 바로 이런 발명의 개념을 정확히 알고 접근하느냐 아니냐의 차이다.

발명에도 종류가 있다고?
알고 보면 쉬워지는 발명

발명이라는 하나의 이름으로 불리고 있지만 사실 발명에도 그 종류가 있다. 이러한 발명의 종류를 이해하면 발명에 좀 더 쉽게 접근할 수 있다. 발명은 우선 물건발명과 방법발명으로 나눌 수 있다. 여기서 물건이란 기구, 기계, 장치, 화합물, 재료, 음식물, 조성물, 미생물, 식물, 동물, 시스템, 의약 등을 말하며 대상을 특정할 수 있는 물건을 통틀어 물건발명이라고 한다. 반면 방법발명이란 일정한 목적을 달성하기 위한 시계열적 요소에 의해 구체화된 방법으로서 물건의 제조방법이나 사용방법, 통신방법, 측정방법, 수리방법, 운전방법, 생산방법 등을 말한다.

예를 들어 날개 없는 선풍기를 발명했다면 일정한 형태를 가진 기계에 해당하므로 물건발명에 해당하는 것이고 냉짬뽕을 만드는 조리방법을 개발했다면 특정한 음식물을 만드는 제조방법에 해당하므로 방법발명이라 말할 수 있다.

또한 발명은 원천발명과 개량발명이라는 것으로 나눌 수 있다. 원천발명이란 해당 기술 분야에서 최초로 개발된 기술을 말하며 개척발명이라고도 부른다. 이에 반해 개량발명은 원천발명에 새로운 구성이나 기능을 추가하거나 한정한 것으로서 이용발명이라고도 부른다.

쉽게 예를 들어 우산을 처음 만든 건 원천발명에 해당하고 이를 이용해 자동우산이나 3단 우산을 만든 건 개량발명에 해당한다고 볼 수 있다. 국어사전이나 특허법에서 말하는 발명의 개념은 일반적으로 원천발명의 정의를 나타내고 있다. 하지만 수천 년의 역사를 가진 현대의 문명사회에서 원천발명을 한다는 것은 무척이나 어려운 일이다. 기존에 존재하지 않았던 한 분야를 완전히 개척해야 가능하기 때문이다. 때문에 현대의 발명특허는 대부분이 개량발명 특허에 해당한다.

원천발명을 좀 더 자세히 설명하면 회피하고 싶어도 도저히 회피할 수 없는 해당 분야의 근본기술을 말한다. 이러한 이유로 상업적으로도 상당한 경제적 가치를 가지고 있는 경우가 많다. 그 이유는 개량발명을 실시하기 위해서는 해당 분야의 원천발명을 거쳐야만 실행이 가능하기 때문이다.

일례로 삼성전자가 스마트폰을 만들 때마다 원천기술을 가지고 있는 퀄컴사에게 대당 4~5%의 로열티를 지급한다는 뉴스를 한번쯤 접해봤을 것이다. 원천기술 그 자체가 바로 돈이 되는 것이다. 이러한 원천발명을 한다면야 그보다 더 좋을 수는 없겠지만 그만큼 획기적인 아이디어나 오랜 연구를 통해 나올 수 있는 발명이다.

하지만 우리가 이 책을 통해 접근하고자 하는 발명은 개량발명이고 그 중에서도 바로 생활발명이다. 생활발명은 특별한 지식이 없더라도 누구나 간단한 아이디어로 발명을 하고 특허를 낼 수 있다. 소재 또한 무궁무진해 일상생활에서 쉽게 찾을 수 있는 장점이 있다. 발명하는 방법을 배우고 작은 관심만 가지고 있다면 초등학생부터 평범한 주부들까지도 충분히 도전해 볼 수 있는 분야이기도 하다.

이렇듯 발명에 있어서 원천발명의 가치가 높은 것은 사실이지만 그렇다고 해서 개량발명이 가치가 없는 것은 아니다. 오히려 기존의 원천발명에서 해결하지 못했던 부분을 추가적으로 개선함으로써 더 나은 발명품을 만들기도 한다. 또 소위 말하는 대박 나는 발명품은 그것이 어떤 종류의 발명인지와는 크게 상관이 없다. 우산 자체가 원천발명일지라도 휴대성이 편리한 3단 우산을 찾는 사람들이 많아진다면 결국 3단 우산이 대박 상품이 되어 그로 인한 엄청난 부를 가질 수도 있기 때문이다. 참고로 원천발명 중에는 특허권의 효력이 이미 소멸된 특허도 상당히 많다. 권리가 소멸된 특허는 어떠한 법적인 권리도 가지고 있지 않다. 다시 말해 이를 이용한 개량발명을 실시하더라도 전혀 문제가 되지 않고 사용료 또한 지불할 필요가 없다는 뜻이다.

발명 아이디어는
어디에서 찾는 걸까?

발명을 할 때 가장 먼저 해야 할 일은 바로 소재를 찾는 것이다. 우리가 일상생활에서 느끼는 불편한 점은 그 자체가 바로 발명의 소재가 되고 이렇게 찾은 문제를 새로운 방식으로 해결해내는 것이 발명이다. 지금 여러분의 주위에는 뭐가 보이는가? 텔레비전, 식탁, 책상, 의자 그것이 무엇이든 상관없다. 바로 지금 보이는 것에서부터 찾아보면 된다. 그렇다면 발명가들은 실생활에서 어떻게 아이디어를 찾게 되는 걸까?

사례 1

가족들과 함께 맛있는 저녁 식사를 하고 정리를 시작한다. 물을 틀고 고무장갑을 낀 후 열심히 설거지를 하고 있다. 그런데 너무 열중한 나머지 싱크대에 있던 물과 비누 거품이 튀어나와 자꾸 옷에 묻는 난감한 상황이 생기게 된다.

1. 불편한 점 찾기

설거지를 할 때 자꾸만 물이 넘쳐나 옷에 묻는 불편함이 있다.

2. 개선하고 싶은 점

물이 넘쳐도 옷에 안 묻었으면 좋겠다.

3. 문제를 해결하는 과정

싱크대와 내 몸 사이에 적당한 높이의 칸막이를 만들어보면 어떨까? 재질은 세척이 용이하게 실리콘 재질로 만들면 좋을 거 같다. 어떻게 고정시키지? 'ㄱ' 모양으로 밀착시키는 방법을 사용해보자. 밑 부분에는 흡착빨판으로 고정시킨다면 움직이지 않고 고정이 더 잘 될 것 같다.

일상생활에서 누구나 한번쯤 경험해 봤을 상황이다. 다만 이것을 불편한 점으로 인식하지 못했거나 또는 너무 당연하게 생각해서 개선해 봐야겠다는 생각을 안 해봤을 뿐이다. 어느 발명가는 이 불편함을 개선하기 위해 고민을 하게 됐고 그 결과 싱크대 물막이라는 발명품을 발명하게 되었다. 구조는 매우 간단하다. 그냥 나와 싱크대 사이에 일정한 높이의 칸막이를 설치한 것뿐이다. 이렇게 금방 새로운 발명품 하나가 완성되었다.

또 이렇게 찾은 문제는 구현 방식을 달리하는 것만으로도 새로운 발명품이 되고 또 다른 특허를 받을 수도 있다. 기존 발명품의 문제점이나 불편한 점을 찾아 또 다시 개선해 보는 것이다. 상기 발명품으로 예를 들면 물막이로서 효과는 있지만 사용 후 보관이 불편하다는 점이 있다. 여러분은 이런 문제를 어떻게 개선할 것인가? 나는 이런 아이디어가 떠오른다. 싱크대 자체에 물막이를 내장해 보면 어떨까? 즉 버튼을 누르면 물막이가 올라오고 다시 누르면 내려가는 그런 형태로 개선한다면 더욱 간편하게 설치가 될 수 있고 사용하지 않을 시 싱크대 내부에 깔끔하게 수납이 되는 효과를 얻을 수 있지 않을까? 이렇게 주어진 문제에 꼬리를 물고 다각도로 생각해보면 같은 문제에서 또 다른 발명품이 만들어지게 되는 것이다.

사례 2

오늘은 오랜만에 가족들과 캠핑을 떠나는 날이다. 텐트, 코펠, 의자, 음식 등 이것저것 챙겨야 할 짐이 한가득. 여러 번 짐을 옮겨야 하는데 눈치 없이 자꾸만 자동으로 닫히는 현관문이 못마땅하다. 아쉬운 대로 종이를 접어 문을 고정시키긴 했지만 뭔가 근본적인 문제 해결방법은 없는지 생각하게 된다.

1. 불편한 점 느끼기

짐을 옮기는데 현관문이 자꾸 자동으로 닫혀서 불편하다.

2. 개선하고 싶은 점

평상시에는 자동으로 닫히고 필요할 때만 문이 안 닫히게 고정되었으면 좋겠다.

문 아래에 고정을 위한 무언가를 부착해 보면 어떨까? 평소에는 올라와 있고 필요할 때만 아래로 내려 고정이 가능하도록 만들어보면 좋을 것 같다. 바닥과의 접촉면은 마찰력이 좋은 고무재질을 사용하면 효과가 더 좋을 거 같다.

이렇게 만들어진 것이 바로 우리 집 현관문에 부착되어 있는 도어스토퍼다. 그렇다면 이런 도어스토퍼를 이용한 개량발명도 존재할까? 물론이다. 일반적인 도어스토퍼는 발로 올리고 내리는 기본적인 구조를 가지고 있다. 이러한 기존 제품에 불편함을 느낀 어느 발명가는 도어스토퍼의 상단에 위치한 레버를 발로 밟으면 자동으로 올라오는 기능이 추가된 오토 도어스토퍼를 발명했다. 이렇듯 동일한 상황에서 느끼는 불편함이라도 문제를 해결하는 방식은 서로 다를 수 있다. 왜냐하면 우리는 각자 사는 환경이 다르고 생각하는 방법 역시 모두 다르기 때문이다. 바로 그것이 끊임없이 새로운 발명품이 만들어지고 또 다른 특허가 등록되는 이유이다.

발명을 쉽게 할 수 있는
8가지 비법이 있다고?

불편함을 찾은 동시에 문제를 해결할 좋은 방법까지 떠오르면 좋겠지만, 그렇지 않은 경우도 있다. 이런 경우에는 다음과 같은 발명의 기법들을 적용해서 해결의 실마리를 찾아 볼 수 있다. 이러한 발명의 원리를 일컬어 발명의 8계명이라고 하는데 실제로 발명가들이 발명품을 만드는 데 많이 사용하는 기법들이다.

1. 더하기 기법

가장 많이 사용하는 발명기법 중 하나로 물건과 물건, 방법과 방법을 더해서 새로운 발명품을 만드는 방법이다. 연필과 지우개를 결합해 만든 연필 지우개나 신발과 바퀴를 결합한 롤러블레이드, 볼펜의 끝부분에 소형 LED 전구를 결합해 야간에도 글씨를 쓸 수 있도록 만든 LED볼펜 등이 여기에 해당한다.

2. 빼기 기법

기존의 물건에서 어느 한 부분을 빼거나 없애버리는 방법으로 발명하는 기법을 말한다. 기존의 의자에서 다리를 없애 앉아서도 허리를 기댈 수 있게 만든 좌식 의자나 날개를 제거해 선풍기, 날개에 의한 사고를 방지하는 다이슨 선풍기, 또 선을 없앤 무선 가열 기구 등이 여기에 해당한다.

3. 크기 바꾸기 기법

기존의 큰 물건을 작게 하거나 작은 물건을 크게 하여 발명하는 기법을 말한다. 우산을 응용해 만든 파라솔이나 커피포트를 작게 한 미니 커피포트 또 접는 줄자 등이 여기에 해당한다.

4. 아이디어 빌리기 기법

아이디어 빌리기 기법 역시 많이 사용되는 기법으로 자연에 존재하는 동식물에서 영감을 얻거나 다른 사람의 아이디어로 만들어진 발명품을 보고 새로운 발명품을 만드는 기법을 말한다. 오리의 발을 보고 아이디어를 얻어 만든 다이버용 오리발이나 장미꽃 가시덤불을 보고 만든 철조망 또 사마귀의 앞다리를 보고 아이디어를 얻어 만든 포크레인 등이 여기에 해당한다.

5. 모양 바꾸기 기법

기존의 발명품에서 모양, 형태, 색깔 등을 바꾸어 새로운 형태를 만드는 기법을 말한다. 기존의 일자형 빨대를 변형시켜 편리하게 내용물을 흡입할 수 있게 만든 휘어지는 빨대나 환부에 바르기 쉽게 개선한 입구가 구부러진 물파스 또 기존 고무장갑의 미끄럼을 개선한 돌기가 달린 고무장갑 등이 여기에 해당한다.

6. 용도 바꾸기 기법

현재 사용하고 있는 물건의 용도를 다른 용도로 바꾸어 발명하는 기법을 말한다. 헤어드라이기의 용도를 변경해 만든 신발 드라이기나 선풍기를 용도 변경해 만든 패러글라이딩 추진체 또 주전자의 용도를 변경해 만든 물뿌리개 등이 여기에 해당한다.

7. 반대로 생각하기 기법

모양, 수, 크기, 방향, 성질 등 무엇이든 반대로 생각하여 발명하는 기법을 말한다. 내용물의 잔량을 말끔히 쓸 수 있도록 만든 뚜껑이 반대로인 화장품이나 단추가 뒤에 달린 옷 또 발에 신는 양말을 반대로 손에 사용하게 개선한 벙어리장갑 등이 여기에 해당한다.

8. 재료 바꾸기 기법

기존의 물건에서 재료를 바꾸어 새로운 발명품을 만드는 기법을 말한다. 유리잔의 단점을 개선한 일회용 종이컵이나 나무나 플라스틱 이쑤시개의 재료를 녹말로 바꿔 만든 이쑤시개 등이 여기에 해당한다.

새로운 아이디어가 떠오르지 않을 때 위 기법들을 하나씩 대입해 보면 신기하게도 새로운 발명품이 탄생하게 된다. 나는 문제의 해결 방법이 잘 떠오르지 않을 때는 생활용품 전문점과 같이 다양한 물건이 많은 곳을 찾아간다. 그곳에 진열된 물건들을 하나씩 살펴보며 머릿속으로 생각한 발명 소재에 물건을 하나씩 더해보기 위해서다. 그러다 보면 문득 좋은 아이디어가 떠올라 문제를 해결하는 경우가 종종 있다. 물론 같은 기법일지라도 무엇과 무엇을 더했는지 또 어느 부분을 제거했느냐에 따라 전혀 다른 발명품이 만들어지게 된다.

발명을 만나면 쉬워지는
의료계의 난제

    의료직에 종사 중인 나는 직업의 특성상 자연스럽게 병원과 관련된 발명소재를 많이 찾는 편이다. 이러한 병원에서 가장 중요하게 생각하는 것 중 하나는 바로 정확한 환자 확인이다. 아무리 최첨단 의료장비를 갖추고 최고의 의술을 펼치더라도 환자 확인 과정에서 오류가 생기면 모든 것이 무용지물이 되기 때문이다.

    환자를 식별할 수 있는 정보 중 가장 정확한 것을 꼽으라면 단연 환자등록번호를 들 수 있다. 똑같은 주민등록번호를 가진 사람이 없듯이 같은 병원에서는 동일한 등록번호를 가진 환자는 존재하지 않기 때문이다. 이렇듯 정확한 식별체가 있음에도 불구하고 환자 확인이 어려운 이유는 무엇일까? 그것은 바로 인간의 인지적 오류 때문이다. 즉, 12345678과 12346758은 분명히 다른 번호이지만 이를 확인하는 과정에서 동일한 번호로 착각하는 오류를 범하기 쉽기 때문에 등록번호를 통한 환자 확인을 지양하는 것이다.

이러한 이유로 병원에서는 환자의 이름과 생년월일, 혈액형, 성별 등 다양한 보조정보들을 활용해 환자식별의 정확성을 높여 나간다. 하지만 따뜻하게 손을 맞잡고 환자 정보를 함께 확인하는 아름다운 모습만이 연출되기에 병원이라는 공간은 예기치 못한 상황이 많은 곳이다. 때로는 환자 확인이 사치라고 느껴질 만큼 촌각을 다투며 응급처치를 해야 할 때도 있고 소아나 의식이 명료하지 않은 환자를 대해야 하는 경우도 있다. 그런가 하면 모두가 잠든 밤중에 검사를 하거나 수액을 교체해야 하는 경우도 있다. 설상가상 개인정보 보호를 위해 환자의 이름마저 "김상준"을 "김*준"으로 표기하게 되면서 정확한 환자 확인과 개인정보보호라는 모순이 공존하는 아이러니한 상황까지 연출되고 있다.

　때문에 최근에는 대형병원을 중심으로 환자안전관리시스템이라는 체계가 구축되고 있다. 환자안전관리시스템은 의료진이 전용 단말기를 이용해 환자 팔찌에 부착된 바코드를 인식시키면 해당 환자의 정보를 PDA를 통해 확인이 가능한 것이 특징이다. 여기에 더해 간단한 현장검사 결과 등을 단말기에 바로 입력해 실시간 전송이 가능하므로 업무 효율성까지 높였다. 놀라운 발전이고 첨단 기술이 접목되었음을 부인할 수 없다. 하지만 여기서도 몇 가지 단점을 찾아볼 수 있다. 우선 시스템 구축비용과 유지비용이 너무 비싸다는 점이다. 때문에 자금력이 부족한 중소병원에서는 해당 시스템 구축이 쉽지 않은 것이 사실이다. 또한 이를 위해 의료진이 소지해야 하는 휴대용 단말기 역시 부피가 커서 실제 사용자 입장에서 만족도가 그리 높은 편이 아니다.

다시 본 주제로 돌아와 발명가의 관점에서 문제에 접근해 보도록 하자. 이 문제를 효과적으로 해결하기 위해서는 환자 확인 절차를 간소화 시킴과 동시에 정확성과 직관성을 높이는 것이 포인트다. 그래서 주목한 것이 바로 바코드다. 일반적으로 바코드는 데이터베이스에서 정보를 불러오는 매개체 역할을 한다. 쉽게 말해 마트에서 물건을 살 때 바코드를 읽히면 데이터베이스에서 해당 바코드의 가격정보를 불러와 모니터를 통해 확인할 수 있게 되는 것이고 이 중간 역할을 하는 것이 바로 바코드인 셈이다. 하지만 관점을 달리해서 보면 환자 등록번호로 구성된 각각의 바코드는 인간의 눈으로는 구별할 수는 없지만 그 자체가 서로 다른 고유번호를 가진 식별체가 될 수 있다. 이러한 바코드의 특성을 이용해 용도를 달리하면 의외로 쉽게 문제해결에 접근해 볼 수 있다.

그 실례를 살펴보면 다음과 같다. 의료진은 목걸이 형태로 휴대할 수 있는 엄지손가락 크기의 환자 확인장치를 이용해 환자 확인을 시도하게 된다. 먼저 환자 팔찌 등에 부착된 객체 바코드를 인식시키고 이어서 투약할 의약품 등에 부착된 동일한 대상 바코드를 인식시킨다. 두 바코드가 일치할 경우 환자식별장치는 LED창을 통해 녹색으로 표현되고 만약 다를 경우 적색으로 표현되며 동시에 경고음이 울리게 된다. 일반적으로 색상은 문자보다 강한 직관성을 보인다. 더군다나 엄마 손을 붙잡고 횡단보도를 건널 때부터 자연스럽게 머릿속에 각인된 녹색과 적색은 본능적으로 안전과 위험을 감지할 수 있다. 결과적으로 의료진은 바코드 스캔만으로 등록번호 간 매칭을 확인하게 되며 일치 여부를 두 가지 색상만으로 쉽고 정확하게 확인할 수 있게 되는 것이다.

내가 최근 특허출원한 이 발명품은 별도의 서버통신을 필요로 하지 않는다. 구조가 단순한 만큼 원가도 절감돼 저렴한 가격에 공급이 가능하므로 중소병원에서도 어렵지 않게 시스템을 구축해 활용할 수 있

특허출원번호: 10-2021-0083215

다. 물론 환자안전관리시스템에서 제공되는 실시간 정보 송수신 기능은 지원되지 않지만 단순히 환자 확인을 위한 기능에만 집중한다면 휴대성과 비용적인 문제를 해결할 수 있는 좋은 대안이 될 것이다. 향후 기술 이전을 통해 상용화될 시 환자 확인 과정에서 발생하는 오류를 현저히 줄일 수 있는 강력한 게임체인저가 될 것으로 기대된다.

더욱이 지금과 같은 감염병 유행 상황에서 의료진이 착용하는 방호복 등은 환자와의 의사소통을 더욱 힘들게 해 시각적 판단의 의존도가 높아질 수밖에 없는 상황이다. 때문에 보다 근본적인 문제해결을 위해서 의료체계에 반드시 갖춰야 할 시스템이 아닐까 생각한다.

　이렇듯 우리가 매일같이 보는 바코드도 관점만 약간 달리해서 보면 새로운 발명에 접목시킬 수 있다. 이를 위해 꼭 복잡한 바코드 시스템이나 LED 장치의 구조를 모르더라도 발명에 큰 문제가 되지 않는다. 기술적 구현에 필요한 지식은 변리사 등 해당분야 전문가들의 도움을 받으며 완성도를 높여 갈 수 있기 때문이다. 결국 발명가는 문제점을 파악하고 해결할 방법을 모색하며 그 청사진을 그려 아이디어를 제공하는 것이 가장 핵심적인 역할이라 말할 수 있다.

돈이 되는 발명은
어떤 발명일까?

발명에도 돈이 되는 좋은 발명이 있는가 하면 그렇지 못한 발명도 있다. 제품으로 출시 후 반응이 좋아 잘 팔리는 발명품이 전자에 해당할 것이고 소비자에게 외면받아 조용히 사라지는 발명품이 후자에 해당할 것이다. 대체 어떤 기준으로 발명의 좋고 나쁨을 얘기할 수 있을까? 일반적으로 사람들이 공통적으로 느끼는 불편함을 최소한의 방법으로 해결해낸다면 좋은 발명이라고 말할 수 있다. 이러한 발명은 후에 상업적 성공과 연결될 가능성 역시 높다. 그 이유는 보편적 불편함은 일정 수준의 시장성을 가졌다는 의미이고, 최소한의 방법은 제품의 생산비용과 직접적인 관련이 있기 때문에 향후 제품의 가격이 정해지는 데 중요한 요소가 되기 때문이다. 이렇듯 소위 말하는 대박이 나는 발명은 어떤 요건을 갖춘 아이디어일까?

첫 번째, 해당 발명품이 그 시대가 요구하는 시장성과 일치해야 한다. 특허는 지금 당장 사용할 수 있는 것이 있는가 하면 미래에 사용 가능성이 있는 특허들도 있다. 수도꼭지를 예를 든다면 지금은 거의 사용하지 않는 돌리는 형태의 수도꼭지와 관련된 발명을 한다든지 또는 편리할지는 모르나 당장은 상용화하기 힘든 음성으로 조절이 가능한 수도꼭지와 같은 발명은 시대의 요구에 맞지 않는 경우라 볼 수 있다. 이처럼 시장에서 성공하는 발명특허는 시대를 너무 앞서나 가도 너무 뒤처져도 성공하기 힘들다.

두 번째, 해당 발명품의 수요층이 두터워야 한다. 발명은 결국 어 떠한 형태로든 제품으로 생산되고 판매가 이루어져야 수익이 발생 한다. 때문에 아이디어가 떠올랐을 때 이것이 나한테만 필요한 발명 인지 아니면 많은 사람들이 공통적으로 불편함을 느끼는 것인지를 진지하게 생각해볼 필요가 있다. 특정 소수에게만 필요한 발명이라 면 당연히 시장에서 성공하기 힘든 발명특허가 될 것이다.

세 번째, 발명품이 실제 상품화 되었을 때 소비자가 흔쾌히 지갑을 열 수 있는 가격대가 형성될 수 있어야 한다. 편의성을 향상시켰지만 제품의 가격이 너무 높다면 결국 소비자에게 외면 받을 것이고 시장 에서 사장될 가능성이 높다. 이러한 제품의 가격 결정에는 여러 가 지 요인이 있겠지만 기본적으로 그 시대의 산업기술력이 뒷받침되어 대량생산이 가능한 형태의 발명인지 생각해봐야 한다.

네 번째로 내 특허의 소비 주체가 어디인지를 살펴봐야 한다. 내가 한 발명이 많은 사람들의 불편함을 해결한 훌륭한 발명이라고 해도 결국 이 특허 자체를 실행하기 위한 주체는 대부분 기업이고 기업의 최대 목적은 이윤추구다. 때문에 소비자에게 편의성을 제공하기 위해 기업의 이윤추구에 역행하는 발명특허는 빛을 보기 힘들다.

우리가 매일 사용하는 칫솔의 경우를 살펴보자. 여행을 가거나 지인 집에 갔을 때 한번 사용하고 놓고 오게 되면 시간이 지난 후 다시 찾더라도 내 것인지 헷갈려 결국 새 칫솔을 구입하는 경우가 많다. 그런데 만약 칫솔에 본인의 이름을 표시할 수 있다면 어떨까? 아마도 위와 같은 문제가 상당수 개선될 수 있을 것이다. 뿐만 아니라 자원절약과 환경오염을 줄일 수 있다는 긍정적인 효과도 기대할 수 있을 것이다.

사실 이러한 발명은 이미 오래전에 이루어졌고 심지어 특허의 권리 기간도 소멸돼 누구나 무료로 사용할 수 있다. 그런데 기업들은 왜 이런 유용한 기술을 적용한 칫솔을 만들지 않는 걸까? 그것은 바로 해당 특허기술이 기업의 이윤추구에 역행하기 때문이다. 기업 입장에서는 소비자가 칫솔을 빨리 소비하고 또 새로운 칫솔을 계속 구매해야 더 많은 이윤을 남길 수 있을 것이다. 때문에 굳이 생산단가를 높여가며 칫솔을 오래 쓰게 할 특허를 사용할 이유가 없는 것이다. 나는 좋은 발명을 한 것 같은데 내 특허는 왜 잘 안 될까 하는 생각이 든다면 한 번쯤 생각해 볼 문제가 아닐까 한다.

발명왕! 정디슨의 발명비법
어떻게 하면 발명을 잘 할 수 있을까?

정디슨이라는 별칭으로 잘 알려진 정희윤 씨는 대한민국 인재상과 대통령상 수상, 세계발명대회 금메달 등 화려한 경력을 바탕으로 현재는 발명 강사와 유튜버 또 각종 발명대회 심사위원으로 활동하며 대한민국 발명 활성화에 기여하고 있습니다. 그가 발명을 잘 할 수 있는 비결은 뭘까요? 발명왕 정디슨을 만나봤습니다.

1. 어떤 계기로 발명을 시작하게 되었나요?

사실 발명을 시작하게 된 계기는 공부가 하기 싫어서였습니다. 어려서부터 유난히 호기심이 많고 만들기를 좋아했던 저는 공부에는 큰 흥미를 느끼지 못했고 마침 그 시기에 하나만 잘해도 대학에 진학할 수 있는 교육정책이 시행되면서 저만의 특기를 살려 발명가로서의 길을 걷게 되었습니다. 그렇게 중학교 1학년 때부터 시작한 발명은 제 삶의 일부가 되었고 생활 속 불편함을 찾아 하나씩 해결해나가는 즐거움에 푹 빠지게 되었습니다. 첫 번째 저의 발명품은 돗자리 고정 장치로 가족나들이에 사용하는 돗자리가 바람에 날리는 불편함을 해결하고자 돗자리 둘레에 철사를 심고 모서리에 무게 추를 달아 고정시키는 발명품을 만들어 친구들에게 많은 관심을 받았던 게 그 시작이었던 것 같습니다.

2. 본인의 발명품 중 대표적인 것들을 소개한다면?

화재 시 자동으로 소화기의 위치를 알려주는 "소화기용 지지대"라는 발명품을 소개하고 싶습니다. 불이 나면 센서가 연기나 가스를 감지해 소화기 받침대로 무선 신호를 보내고 신호를 받은 받침대에서 알람과 빛을 통해 소화기의 위치를 알려주는 시스템이죠. 3년간의 연구를 거쳐 고등학교 3학년 때 개발을 완료했으며 특허까지 출원해 미국의 한 바이어와 100만 달러 상당의 계약을 체결하는 등 큰 기대를 모았었으나 너무 이른 나이라 사업경험이 부족했고 대량생산에 필요한 막대한 투자비용을 확보하지 못해 끝내 사업화가 무산돼 아쉬움이 남는 발명품이기도 합니다. 하지만 이 발명품으로 인해 대통령상 수상의 영예를 안으며 대학까지 진학할 수 있었습니다.

3. 어떻게 하면 정디슨처럼 발명을 잘할 수 있을까요?

사실 발명을 잘할 수 있는 방법은 의외로 간단합니다. 바로 발명 교육계의 거장이신 왕연중 교수님이 창안한 발명 10계명을 이용하는 것인데요. 더하기 기법, 아이디어 빌리기 기법 등 몇 가지의 간단한 원리들만 잘 이용해도 누구나 어렵지 않게 발명을 할 수 있습니다. 중학교 1학년 때부터 시작해 20년이 넘게 발명을 해온 지금까지 이 원리들을 이용해 수많은 발명품을 만들어냈습니다. 꼭 어려운 회로를 만들거나 복잡한 시스템을 개발해야만 발명이 아닙니다. 지금 당장 주변의 물건들을 이러저리 결합해보세요. 어느 순간 나도 모르게 생각지 못한 훌륭한 발명품이 탄생하게 될 것입니다.

4. 발명 아이디어는 주로 어디에서 찾나요?

아주 평범한 일상 속에서 아이디어를 찾습니다. 밥 먹다가도 화장실에서도 운전하면서도 조금이라도 불편한 점이 느껴지면 이것을 발명 아이디어의 소재로 활용합니다. 또 한 가지 정디슨만의 아이디어 찾는 방법을 얘기하자면 세상에 일어나는 새로운 일들에 늘 관심을 가지라고 조언하고 싶습니다. 다양한 사회적 문제들을 접하고 이를 해결할 방법들을 모색하며 아이디어를 떠올려 보는 것이죠. 이러한 이유로 새로운 소식을 접할 수 있는 뉴스는 정디슨의 아이디어 뱅크라 말할 수 있습니다. 이렇게 사회적 문제와 밀접한 관련이 있는 발명품들은 발명대회에서도 심사관들로부터 좋은 반응을 얻을 수 있는 훌륭한 소재가 될 수 있습니다.

5. 발명대회에서 입상하기 위해서는 어떤 발명을 해야 하나요?
먼저 시기에 맞는 이슈를 잘 공략하는 게 중요하다고 말해주고 싶습니다. 예를 들어 A라는 학생은 반려동물과 관련된 발명품을 출품했고, B라는 학생은 전 세계적으로 이슈인 코로나 관련 마스크 발명품을 출품했을 경우 어떤 발명품이 주목을 받고 좋은 점수를 받기 쉬울까요? 발명대회는 대부분 공익적인 성격을 가지기 때문에 처음 발명의 주제를 정할 때부터 이런 점을 잘 파악해서 주제를 정하는 것이 발명대회 입상에 유리하다고 말할 수 있습니다. 또 하나 중요한 것은 발명일지를 잘 작성하는 것인데요. 발명일지는 이 발명품을 본인이 어떤 과정을 통해 만들게 되었는지를 소명할 수 있는 중요한 자료가 되므로 성실히 작성한 발명일지는 좋은 점수를 받기 위한 시작점이 될 수 있습니다.

6. 발명왕 정디슨의 화려한 수상경력 그 비결이 궁금해요.

사실 공부를 잘 한 것도 아니었고 그렇다고 남들보다 특별한 재능이 있다고 생각하지도 않기에 운이 좋았던 부분도 있었던 것 같습니다. 발명의 원리를 깨닫고 계속적인 연구와 발명을 하다 보니 선순환의 고리가 이어졌던 것 같아요. 여러분도 제가 앞서 설명한 발명의 원리들과 아이디어를 찾는 방법 등을 기억하고 끈기를 가지고 도전한다면 누구나 정디슨과 같은 발명왕이 될 수 있을 거라 확신합니다. 발명에 한번 미쳐 보세요. 언젠가 우리나라에서도 발명왕 에디슨이 탄생할 날이 반드시 올 것이라 믿습니다.

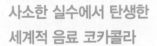
사소한 실수에서 탄생한
세계적 음료 코카콜라

특유의 맛과 독특한 병 모양으로 세계에서 가장 많이 팔린 음료수는
무엇일까? 바로 탄산음료의 대명사 코카콜라다. 탄생한 지 130년이 넘
는 지금까지도 세계 음료 시장을 석권하고 있으며 그 제조법은 아직까
지도 전 세계 몇 명만이 알고 있을 정도로 철저히 베일에 싸여져 있다.
이러한 세계적인 음료수 코카콜라는 엉뚱하게도 한 사람의 사소한 실
수에서 탄생하게 되었다.

코카콜라를 처음 발명한 사람은 미국의 존 펨버튼이라는 약사다. 그는
정식으로 의학 교육을 받진 않았지만 여러 가지 재료를 혼합해 약품을
만드는 재주가 있었고 각종 조제약으로 명성을 얻게 된다. 그 당시 미
국은 남북전쟁 후 사회적으로 힘든 재건사업이 한창이었고 이러한 과
정에서 힘들어 쓰러지는 사람이 많았다. 이를 지켜보던 펨버튼은 사람
들을 위해 무엇인가 해야겠다는 생각을 하게 되었고 맛도 좋고 약효도
있는 그런 약을 만들기로 결심하게 된다.

그렇게 수많은 시행착오를 거치며 코카나무 추출물과 콜라나무 열매
의 향, 알코올을 약간씩 섞어 두통과 소화불량, 신경쇠약 등 여러 가지

증상을 치료해주는 일종의 자양강장제인 '프렌치 와인 코카'라는 만병
통치약을 만들게 된다. 하지만 알코올 성분 때문에 사람들이 잘 마시
지 못했고, 이를 개선하기 위해 알코올 대신 물을 섞으려다 실수로 탄
산수를 섞고 만다. 그런데 이 맛이 오히려 환상적이었던 것.

그렇게 세상에 나온 코카콜라는 존 펨버튼의 생전에는 빛을 보지 못했
다. 지금의 코카콜라를 대중화시킨 것은 애틀랜타의 사업가인 아사 캔
들러라는 사람이다. 펨버튼이 세상을 떠날 때 여러 파트너들에게 사업
지분을 쪼개 팔았는데, 그 중 한 사람이 바로 아사 캔들러였다. 탁월한
사업 감각을 갖고 있던 그는 1892년 당시 2천 300달러(약 122만 원)에
코카콜라 사업의 소유권을 확보했고 존 펨버튼의 전담 회계사였던 프
랭크 로빈슨과 손을 잡고 1892년에 코카콜라 컴퍼니를 설립하게 된다.
이후 1893년 코카콜라는 미국 특허청에 상표권을 등록하게 되고 폭발
적인 성장을 하게 되었다.

참고자료: [과학을 읽다] 아시아경제 김종화 기자

생활 속 아이디어로 대박 난 발명품들.
이야기를 통해 재미있게 배워볼까?

소개되는 제품의 발명 과정은 발명가와의 인터뷰가 아닌
작가의 상상력을 더해 작성했다.

chapter 2

이렇게만 하면
진짜 발명이
된다고?

발명가의 비밀노트

발명은 생활 속 불편함에 대한 선택이다.
자꾸만 생기는 욕실 실리콘 곰팡이
어떻게 하면 좋을까?

1. 포기형: 이건 원래 잘 안 없어지는 거야. 그냥 살지 뭐!

2. 전통형: 다른 방법이 있나? 곰팡이는 무조건 빡빡 문지
   르는 게 최고지.

3. 창의형: 좀 더 쉽게 제거할 수 있는 방법이 없을까?

불편함을 바라보는 습관 그것이 바로
발명가와 일반인의 차이점이다.

분리수거 오늘은 니가 해!

이동식 분리수거함

발명의 동기

오늘도 집안 한구석에는 캔, 종이, 플라스틱, 유리병들이 각자의 위치에서 재활용 쓰레기 탑처럼 차곡차곡 쌓여간다. 그렇게 어느덧 가득 찬 분리함을 비우기 위해 또 다른 비닐에 옮겨 담고 분리수거장으로 들고 내려갈 생각에 한숨부터 나온다. 여기저기 옮겨 담고 무겁게 들고 이동해야 하는 이런 불편함은 해결할 수 있는 좋은 방법 어디 없을까?

발명의 구상

우리의 주부 발명가는 깊은 생각에 잠긴다. 어떻게 하면 재활용 쓰레기를 쉽게 버릴 수 있을까? 문 앞에 손수레를 놓고 실어 나를 수도 없고. 그때 바퀴라는 단어가 머릿속을 스쳐 지나간다. 그래!

분리수거함에 바퀴를 달아보면 어떨까? 그러다 문득 눈에 띈 여행용 캐리어. 고정식 쓰레기 분리수거함에 바퀴와 손잡이를 결합해 여행용 캐리어처럼 만들어 보면 좋을 것 같은데?

발명의 효과

재활용품 쓰레기를 버리기 위해 일일이 옮겨 담지 않고 그대로 끌고 분리수거장으로 이동할 수 있어 재활용 쓰레기 버리는 일이 훨씬 편해졌다. 무거운 유리병도 바퀴가 달린 분리수거함 덕분에 이제 걱정 없다. 재활용 쓰레기가 버리기 쉬워진 만큼 누워 있는 남편에게 당당하게 외친다. 쓰레기 분리수거 오늘은 니. 가. 해!

출처:오니해 홈페이지

이 발명품은요

평범한 주부의 아이디어로 탄생해 더욱 돋보이는 발명품이다. 바로 2015년 생활발명 코리아 발명대회에서 대통령상을 받은 발명품이다. 가정용 분리수거함에 바퀴와 손잡이를 결합한 더하기 기법을 활용한 발명이다. 실용신안 등록 후 바로 제품으로 개발되었으며 '오니해'라는 사명으로 창업에 성공한 주부 발명가는 현재 억대 연봉 CEO에 등극했다. 생활 속에서 느낀 불편함을 개선한 매우 실용적인 발명품이라 생각된다. 추가적으로 하단에 슬라이드 형식으로 공간을 확장할 수 있는 구조물을 결합해 쓰레기봉투까지 함께 싣고 이동하게 된다면 활용도가 더욱 향상되지 않을까 생각한다.

우리 아이 배변 홀로서기의 시작

두리 유아변기 커버

발명의 동기

"엄마! 응가 마려워~." 생애 첫 친구였던 기저귀와 작별하고 이제 막 배변 홀로서기를 시작한 우리 아이. 엄마는 황급히 한쪽에 모셔둔 유아용 변기를 찾아 대령한다. 시원하게 볼일을 본 아이는 해맑은 표정으로 엄마를 물끄러미 바라본다. 아이가 떠난 뒤 변기엔 냄새마저 귀여운 응가가 수줍게 웃고 있다. 엄마는 화장실 좌변기에 응가를 버리고 깨끗이 씻은 다음 다가올 2라운드를 기약한다. 좌변기에서 볼일을 보면 이런 수고를 하지 않아도 될 텐데. 하지만 그러다 저 앙증맞은 엉덩이가 쏙 빠져버리면 어쩌나 걱정이다. 엉덩이가 작은 아이도 안전하게 화장실 좌변기를 이용할 무슨 좋은 방법 없을까?

발명의 구상

좌변기 위에 폭이 좁은 받침대를 올려볼까? 하지만 고정되지 않은 상태로 움직이다 자칫 사고라도 나면 어쩌나 걱정이다. 변기 커버를 유아용 커버로 교체해 고정하면 좋겠지만 그렇게 되면 어른은 사용할 수 없을 것 같고 사용할 때만 아이 엉덩이에 딱 맞는 유아용 변기를 좌변기 위에 올려놓을 수 있으면 좋을 것 같은데. 잠깐! 변기 커버가 꼭 한 개만 있어야 하는 건 아니잖아. 어른용과 아이용 커버를 2 in1으로 만들어 보면 어떨까?

발명의 효과

이제 더 이상 유아용 변기를 찾아 헤매거나 씻을 일이 없어졌다. 좌변기 유아용 커버를 내리기만 하면 근사한 유아전용 변기로 변신 ~ 엄마 아빠와 같은 공간을 사용한다는 게 재미있는지 신호가 오면 알아서 자리를 잡는다. 덕분에 우리 아이 배변 교육이 훨씬 쉽고 편해졌다. 어느덧 아기에서 어린이가 되어가는 우리 아이를 바라보니 흐뭇한 미소가 절로 나온다.

이 발명품은요

어느 디자이너의 손을 거쳐 탄생한 이 제품은 더하기 기법을 이용해 성인용 변기 커버에 유아용 변기 커버를 결합한 발명품이다. 이제 막 배변 홀로서기를 시작한 아이가 있는 집에서는 아주 유용하게 사용할 수 있는 발명품으로서 곡선의 미를 살린 매끈한 디자인은 세계 3대 디자인 어워드 중 하나에 선정된 만큼이나 우리집 화장실의 품격까지 높여주는 것 같다. 생활 속 불편함을 개선하는 발명과 상품의 가치를 높여주는 디자인이 만난 환상의 조합이 아닐까 생각된다.

출처: 프리젠트 두리 홈페이지

나의 흔적을 아무에게도 알리지 말라

꼬꼬편

발명의 동기

오늘은 드디어 기다리고 기다리던 우리 집 이삿날. 부푼 가슴을 안고 들어간 새집에는 이것저것 해야 할 일들이 많다. 시계도 걸어야 하고 미리 사놓은 예쁜 액자도 걸어야 하고 여기저기 한껏 꾸미고 싶은데 못질을 할 때마다 점점 소심해지는 나를 발견한다. 아직 개시도 안 한 벽지에 못질을 했다가 위치 선정에 실패라도 하는 날엔 벽에 뻥뻥 뚫린 구멍과 마주할 자신이 없다. 그렇다고 접착식 걸이를 붙이자니 다시 제거할 때 찢어지는 벽지를 보면 내 마음도 같이 찢어지는 것 같다. 흔적 없이 원하는 곳에 액자를 걸 수 있는 좋은 방법 어디 없을까?

발명의 구상

시계를 걸 벽을 유심히 살펴본다. 저기다 어떻게 이 시계를 걸지? 아무리 생각해도 못질을 하거나 피스를 박는 방법 외에는 딱히 떠오르는 방법이 없다. 압정이나 핀 같이 살짝 벽지에 찔러서 걸쳐 놓으면 좋을 텐데. 그래! 혹시나 하고 벽지를 만져보니 생각보다 두툼해서 웬만한 무게는 견뎌줄 것도 같다. 알다시피 벽지는 내지와 외지 이렇게 2중으로 도배가 이루어진다. 때문에 우리가 생각하는 것보다 짱짱한 힘을 발휘하게 되는 것이다.

발명의 효과

못을 박아 구멍이 나거나 접착식 걸이의 제거로 인해 벽에 보기 싫은 흉터가 생길 일이 없어졌다. 아주 작은 바늘구멍 몇 개만 난다면 크게 눈에 띄지 않게 원하는 곳에 감쪽같이 인테리어를 할 수 있고 위치를 바꾸고 싶다면 살짝 뽑아서 다시 사용할 수 있으므로 경제성까지 갖추었다.

이 발명품은요

핀과 걸이의 결합 바로 더하기 기법을 활용한 발명품이다. 많은 가정에서 이미 한번쯤은 사용해 봤을 제품이다. 발명품의 이름이 꼬꼬핀인 이유는 뭘까요? 닭 벼슬과 닮아서일까? 어쩌면 발명가는 닭

볏을 보고 아이디어를 착안했는지도 모르겠다. 아무튼 아주 간단한 아이디어가 집안의 사소하지만 큰 고민을 해결해준 것 같다.

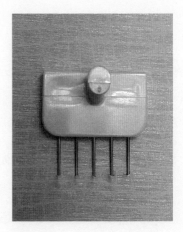

꼬꼬핀

일회용 빨대는 이제 그만~ 지구를 지키자!

스테인리스 조립식 빨대

발명의 동기

사랑하는 가족들에게 좋은 것만 주고 싶은 마음 이 세상 모든 엄마들의 마음이다. 하지만 이런 엄마의 마음 한구석을 늘 무겁게 하는 것이 있으니 바로 환경호르몬 문제다. 그래! 평소에 일회용품 사용을 최대한 줄여 가족의 건강과 환경을 동시에 잡아보는 거야! 그러나 의지와는 다르게 불가피하게 사용할 수밖에 없는 물건도 있다. 플라스틱 빨대가 그중 하나이다. 별다른 대안이 없어 보였던 이 문제는 평온한 오후 커피 한 잔과 함께 나누던 딸과의 대화에서 우연히 해결의 실마리를 찾게 된다.

"엄마 근데 빨대는 꼭 플라스틱만 써야 돼? 사용 후 반으로 잘라 깨끗이 씻어 다시 사용한다면 좋을 텐데?"

문득 던진 딸의 한마디에 엄마는 번뜩이는 아이디어가 떠오른다.

발명의 구상

그런데 이게 정말 가능한 걸까? 실험을 위해 반으로 잘랐던 일회용 빨대를 다시 붙여 음료를 흡입해보니 아주 불가능할 것 같지도 않다. 어떤 소재를 사용하는 것이 좋을까? 유리는 잘 깨지고 실리콘은 먼지가 잘 달라붙고 종이는 오래가지 못할 것 같다. 그렇다면 스테인리스 소재를 사용해보면 어떨까? 빨대 결합 시 미세한 틈으로 생기는 흡입력 저하 문제는 표면장력이 해결해주었다. 유리에 물을 넣으면 수막이 생겨 잘 떨어지지 않는 원리를 이용한 것이다.

발명의 효과

일체형 빨대보다는 조금 불편할 수 있지만 나만의 빨대를 사용하니 위생적이고 한번 구입으로 반영구적으로 사용할 수 있어 경제적이다. 무엇보다 갈수록 문제가 되고 있는 환경오염 문제를 해결할 수 있는 좋은 대안으로 손색이 없다. 일회용 빨대 사용이 금지되는 날이 오면 가방 속에 하나씩 넣고 다녀야 할 필수품이 되지 않을까 생각한다.

이 발명품은요

모양 바꾸기 기법과 더하기 기법을 이용한 발명품이다. 원형의 빨대를 2개의 반구형으로 모양을 바꾸었고 슬라이드 결합 방식은 빨대로서의 기능을 가능하게 해주었다. 간단한 아이디어지만 30개 국에서 347점이 출품된 2019년도 여성발명 EXPO에서 영예의 대상을 수상했다. 현재는 지구를 위한다는 의미의 "포어스"라는 제품명으로 세상에 나올 준비를 하고 있다. 순수한 눈으로 문제를 바로 본 아이의 창의적 아이디어와 주부의 마음을 잘아는 엄마의 열정 그리고 공학을 전공한 아빠의 자문이 더해져 탄생한 스테인리스 조립식 빨대로 지구를 지키는 일에 우리 모두 동참해보면 어떨까?

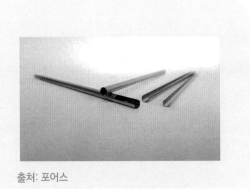

출처: 포어스

남은 음식 재료는 내게 맡겨줘

알알이 쏙

발명의 동기

"엄마! 오늘 닭볶음탕 먹고 싶어." 주부들이 힘들면서도 가장 행복한 순간이 있다. 바로 사랑하는 가족을 위해 맛있는 음식을 준비하는 시간. 더군다나 배고파하는 아이가 먹고 싶다는데 힘든 게 대수일까? 축지법을 써 마트에 도착한 엄마는 필요한 재료들을 사서 뚝딱뚝딱 맛있는 닭볶음탕을 준비한다. 이럴 때마다 주부들이 느끼는 고민거리가 있다. 바로 요리 후 남은 음식 재료들을 어떻게 보관하느냐. 더군다나 1인 가구가 날로 증가하고 있는 요즘 같은 시대에는 비단 주부들만이 느끼는 고민이 아닐 것 같다. 간편하게 보관하고 필요할 때마다 꺼내 쓸 수 있는 좋은 방법 어디 없을까?

발명의 구상

당근, 양파, 마늘, 고추 등 소소하게 남은 재료들을 보관할 방법을 생각해본다. 그러다 문득 냉동실의 얼음 큐브가 눈에 띈다. 다진 재료를 얼음 큐브 형태로 보관하면 필요한 만큼 쏙쏙 빼서 사용할 수 있어 좋을 거 같다. 하지만 딱딱한 플라스틱에서 얼린 재료를 꺼내는 것이 쉽지만은 않다. 좀 더 부드러운 소재가 없을까? 그렇게 눈에 띈 실리콘 소재. 하지만 실리콘은 냉동력이 약하고 음식 재료가 물든다는 치명적인 단점이 있다. 시행착오 끝에 찾아낸 것이 있으니 바로 PE 폴리에틸렌 소재이다. 쭈쭈바 먹을 때 보게 되는 바로 그 소재이다. 이미 안전성이 검증돼 일상에서 흔히 사용되는 만큼 이보다 더 좋은 소재는 없을 듯하다.

발명의 효과

요리할 때 원하는 재료를 필요한 만큼 쉽게 사용할 수 있어 간편함은 말할 것도 없고 냉장고에서 여기저기 방황하다 음식물 쓰레기가 되던 식재료들을 오래 보관할 수 있어 경제적이다. 구입 비용도 적당하고 한번 사놓으면 장시간 사용할 수 있어 없을 땐 어떻게 살았나 생각이 든다.

이 발명품은요

소재 바꾸기 기법을 활용한 발명품으로 간단한 아이디어로 생활의 큰 고민을 해결해 준 발명 사례라 생각한다. 넓은 시장성과 적당한 가격대의 두 마리 토끼를 다 잡은 발명으로 해당 발명가는 평범한 주부에서 이제 한 기업의 CEO가 돼 주부 발명가들의 롤 모델이 되고 있다. 발명! 어렵게 생각할 필요 없다. 생활에서 느끼는 불편함을 개선하는 것이고 그로 인해 많은 사람들의 고민거리를 해결한다면 가장 훌륭한 발명을 한 것이다.

출처: 제이엠그린 홈페이지

욕실 청소의 끝판왕
실리콘 곰팡이, 넌 내가 잡는다!

매직시트

발명의 동기

대체 언제쯤이면 처음 모습 그대로의 너를 보여 줄 거니? 오늘도 온갖 방법을 동원해 열심히 청소를 해보지만 실리콘에 핀 곰팡이는 사라질 기미가 보이지 않는다. 욕실이라는 공간의 특성상 항상 습하다 보니 실리콘에 곰팡이는 자주 생기고 한번 자리 잡으면 쉽게 없어지지도 않는다. 그렇다고 방치하자니 보기도 싫고 아이들 건강에 해를 끼치면 어쩌나 걱정이다. 욕실 청소의 끝판왕 실리콘 곰팡이 확실하게 제거할 방법 어디 없을까?

발명의 구상

곰팡이를 제거할 수 있는 방법들을 생각해 본다. 가장 먼저 생각나는 건 바로 시중에 파는 곰팡이 제거제. 하지만 생각처럼 강력하게 제거되는 것 같지 않다. 두 번째로 욕실 청소의 정석 락스를 사용해본다. 화장지에 적셔 올려놓으면 나름 효과가 좋은 것 같지만 시간이 지날수록 수분이 증발하면서 효과는 그때뿐이고 코를 찌르는 냄새 때문에 머리는 지끈지끈. 그렇게 불편함을 느끼며 집안을 정리하던 중 우연히 지난 물놀이에 사용했던 스마트폰 방수팩이 눈에 띈다. 그 순간 방수라는 단어가 머리를 스쳐지나간다. 그래! 방수가 되는 부직포를 활용한다면 수분 증발을 막을 수 있을 것 같다.

발명의 효과

발명의 효과는 생각했던 것보다 기대 이상이다. 뿌리고 붙이는 것만으로 욕실을 휘감고 있던 지저분한 곰팡이들이 감쪽같이 사라졌다. 강력한 락스가 증발하지 않고 실리콘에 척 들러붙어 있으니 제아무리 끈질긴 곰팡이라도 더 이상을 버티지 못하고 두 손을 든다. 뿌리까지 뽑아낸 곰팡이는 당분간 우리 집 욕실에서 안녕~~. 간단하게 욕실을 정복한 매직시트 이제 집안 어느 구석에 숨어 있는 또 다른 곰팡이를 찾아 떠날 준비를 한다.

이 발명품은요

방수가 되는 원단과 세제를 머금어주는 부직포를 결합한 더하기 기법을 활용한 발명품이다. 한쪽 면에 강력한 세제를 뿌려 실리콘 곰팡이에 붙여 놓으면 반대쪽에 있는 방수포가 세제의 증발을 막아 효과를 지속시켜 주고 동시에 독한 냄새까지 잡아준다. 생활 속에서 찾은 불편함을 바탕으로 개발한 매직시트는 역시 평범한 주부의 발명품이다. 특허출원 후 리빙스텝이라는 사명으로 창업에 성공했으며 PCT국제특허까지 출원하며 세계시장으로의 진출을 꾀하고 있다. 생활 속 작은 불편함에 간단한 원리를 적용했지만, 그 효과만은 전 세계 모든 주부들의 고민을 속 시원하게 해결해줄 것만 같다.

출처:리빙스텝 홈페이지

우리 아기 엉덩이는 내가 지킨다

아기 비데 클리어잭

발명의 동기

"뿡뿡뿡~" 우렁찬 소리와 함께 구수한 냄새가 나기 시작한다. 사랑스런 아기는 기저귀를 갈아달라며 초롱초롱한 눈빛으로 엄마를 바라보고 있다. 급하게 물티슈로 닦아낸 후 뽀송뽀송 엉덩이를 지켜주기 위해 엄마는 세면대로 달려간다. 하지만 아직 잘 서지도 못하는 아기 엉덩이를 씻기는 게 쉽지만은 않다. 한 손으로 아기를 안고 또 한 손으로는 샤워기를 들고 비누칠을 해가며 엉덩이를 씻어주자니 아기도 엄마도 불안하기만 하다. 이럴 때 어디에선가 한줄기의 물을 뿌려주면 좋겠다는 생각이 간절하다. 어느 한 발명가는 이러한 불편함을 느끼며 연구를 시작한다.

발명의 구상

세면대 수도꼭지를 바라보며 곰곰이 생각해본다. 저 물줄기를 위로 올릴 수 있는 방법이 없을까? 그러다 문득 공원에서 봤던 음수대가 생각난다. '그렇지! 저렇게 수도꼭지의 형태를 변형시키면 가능하겠는데?' 그런데 막상 수도꼭지를 고정해버리면 세면대에서 물벼락 맞기 딱 좋을 거 같은데. 평소에는 일반 수도꼭지로 사용하다가 필요할 때만 거꾸로 솟구치는 그런 수도꼭지를 만들 수는 없을까? 그렇게 발명가는 아기 비데 클리어잭을 구상하게 된다.

발명의 효과

평소에는 아래로 흐르는 일반적인 수도꼭지였다가 정면의 버튼을 누르면 물줄기의 방향을 조절할 수 있고 물을 잠그면 원래 위치로 돌아와 아래로 물이 나오게 된다. 아기 비데 클리어잭은 다양한 용도로 사용이 가능하다. 기본적으로 아이 엉덩이 씻기는 데는 더할 나위가 없고 양치질을 할 때도 유용하게 사용할 수 있다. 또 필요에 따라서는 세면대 밑에서 발을 씻거나 머리를 감는 데에도 응용이 가능하다.

이 발명품은요

아이디어 빌리기 기법과 더하기 기법을 활용한 발명품이다. 음수대의 모양을 보고 아이디어를 떠올렸고 세면대 수도꼭지에 장치를 결합하는 방법을 통해 문제를 해결했다. 추가적으로 소재 변경(플라스틱 등)을 통해 생산비용을 줄여본다면 경제성까지 갖춘 발명품으로 거듭나지 않을까 생각된다. 아무튼 아기가 있는 집이라면 필수적으로 장착해야 될 거 같은 좋은 발명품이라 생각한다.

출처: 와이비몰

비 오는 날 이제 두렵지 않아

거꾸로 우산

발명의 동기

보슬보슬 비가 오는 날이면 여기저기서 각양각색의 우산꽃이 피어난다. 고사리 손으로 우산을 쓰고 학교에 가는 아이부터 서류 가방과 우산을 들고 출근하는 아빠까지. 비오는 날 제 한 몸 아끼지 않고 나를 보호해준 고마운 우산 이제 접어서 넣어야 하는데 우산에 묻은 빗물이 항상 말썽이다. 옷에 묻고 차 시트에 묻고 이럴 때 빗물에 젖지 않는 좋은 방법 어디 없을까?

발명의 구상

어떻게 하면 우산의 빗물이 옷에 젖지 않을까? 머릿속으로 우산을 사용하는 과정을 천천히 그려본다.

1. 돌돌 말려 있는 우산을 꺼낸다.

2. 버튼을 누르고 우산을 펼친다.

3. 사용을 마친 우산을 다시 접는다.

그런데 문득 이런 의문이 생긴다. 우리는 왜 항상 같은 방식으로만 우산을 사용하고 있는 걸까? 생각해보니 우산의 종류와는 상관없이 늘 같은 방향으로만 접고 펴서 사용을 하고 있다. 비에 젖지 않은 공간은 바로 머리 위 안쪽인데 말이다. 만약 접어서도 내부가 내 몸에 닿을 수 있다면 이런 문제가 해결될 수 있을 것 같은데.

발명의 효과

비에 젖지 않은 우산 내부 공간을 외부로 위치시켜 접게 되니 빗물이 옷이나 차 시트에 묻지 않고 정리할 수 있어 그 동안 느꼈던 불편함이 말끔히 해소되었다. 발상의 전환을 통해 우산의 신세계를 경험하게 된다. 살신성인의 정신으로 날 지켜준 고마운 우산아, 이제 널 멀리하지 않고 꼭 안아줄게.

이 발명품은요

"내부를 외부로~ 우산을 거꾸로~" 바로 반대로 생각하기 기법을 활용한 발명품이다. 역발상이 무엇인지 보여주는 좋은 발명품이라 생각된다. 위에서 살펴봤듯 사용과정을 일일이 나열해 보고 문제가 어디에서부터 시작되었는지 찾아낸다면 문제의 실마리를 찾는데 큰 도움이 된다. 안 써본 사람은 있어도 한 번만 써본 사람은 없다는 거꾸로 우산은 비오는 날 나를 인싸로 만들어줄 것만 같다.

출처: 레그넷

음식물 쓰레기 냄새가 걱정이라면

음식물 쓰레기 밀폐 홀더

발명의 동기

집에서 음식을 해먹으면 매일같이 나오는 것이 뭘까? 바로 음식물 쓰레기다. 싱크대에 방치해 놓자니 냄새나고 그렇다고 매번 밖에다 버리자니 너무 번거롭다. 음식물 쓰레기가 생길 때마다 묶었다 풀었다 하는 불편함. 간편하게 밀봉시키고 여는 좋은 방법 어디 없을까?

발명의 구상

봉투를 묶지 않고 음식물 쓰레기를 모을 수 있는 방법을 생각해본다. 지퍼형 봉투를 사용해볼까? 효과는 좋지만 활용성이 많은 지퍼백을 쓰레기봉투로 쓰기엔 너무 아깝다. 집안에 남아도는 일회용 비닐백을 활용해 보고 싶은데. 그때 우연히 냉장고 문에 달린 고무

자석이 눈이 띈다. 냉장고는 지금까지 수많은 진화를 해왔지만 변하지 않은 것이 하나 있다. 그것은 바로 냉장고 문에 달린 고무자석. 냉기는 완벽히 보존되고 가격 또한 저렴해 굳이 개선할 필요가 없는 부품이기 때문이다. 만약 이런 고무자석의 원리를 음식물 봉투에 적용한다면? 쉽게 열고 닫을 수 있을 뿐 아니라 음식물 냄새까지 차단할 수 있을 것 같다.

발명의 효과

어떠한 형태의 비닐봉지도 활용이 가능하고 거의 반영구적이라 경제적이다. 간단하게 비닐 장착 후 음식물 쓰레기를 버릴 때만 벌려서 넣고 자석끼리 붙여서 밀봉하면 냄새도 완벽 차단. 그뿐인가? 싱크대 모서리 부분에 부착할 수 있어 공간 활용성까지 뛰어나다.

이 발명품은요

아이디어 빌리기와 용도 바꾸기 기법을 활용한 발명품으로 생활에 아주 유용한 제품이 아닐까 생각한다. 물론 요즘은 음식물 처리기 등 더 좋고 위생적인 방법도 있지만 문제는 비용이다. 좋은 발명이란 이렇게 간단하면서도 생활에 꼭 필요한 발명이라 말할 수 있다.

참고로 싱크대는 알루미늄 재질로 되어 있어 자석을 직접 부착하

지는 못한다. 하지만 여기서도 한 가지 아이디어가 숨어 있다. 싱크
대 알루미늄이 얇다는 점을 이용하여 내외부에 자석을 위치시키면
알루미늄 재질에도 효과적으로 고정할 수 있게 되는 것이다.

대형 반려 식물의 영원한 동반자!

이동식 화분 받침대

발명의 동기

"여보~ 이것 좀 옮겨줘요." 드디어 그날이 왔다. 오늘은 한달에 한번 우리집 화분 물 주는 날이자 거실 한구석을 조용히 빛내주던 롱다리 올리브나무와 산소 정화를 책임지는 고무나무가 모두 베란다로 모이는 날이다. 어느덧 내 키와 비슷해진 우리집 반려 식물들은 이젠 혼자 들기조차 버거울 정도다. 그렇다고 이렇게 예쁜 화분을 베란다에만 둔다는 건 아이들에 대한 예의가 아닌 것 같다. 점점 계륵이 되어 가는 우리집 대형 화분들 쉽게 옮길 수 있는 좋은 방법 어디 없을까?

발명의 구상

거실의 화분을 보며 곰곰이 생각해본다. 그냥 통째로 밀고 가볼까? 하지만 지렁이 발자국처럼 바닥에 생기는 흠집들을 보는 순간 얼음이 돼버린다. 바퀴가 달린 의자 위에 올려서 이동한다면 이런 흠집은 생기지 않을 텐데. 하지만 의자에 화분을 들어올리는 것부터가 난관이다. 그렇게 생각해낸 의자의 바퀴를 보며 순간 번뜩이는 아이디어가 떠오른다. 그래! 의자처럼 화분 받침대에 바퀴를 장착한다면 일일이 들어올리지 않고 밀기만 해도 될 것 같은데?

발명의 효과

바퀴가 달린 화분 받침대 덕분에 덩치 큰 우리집 화분들 물주기도 이제 걱정 없다. 각자의 자리를 빛내다 필요할 땐 뒤에서 밀기만 해도 바닥에 흠집 없이 간단히 옮길 수 있다. 여기에 더해 아이디어를 추가한 물받이 서랍은 위치를 옮기지 않고도 물을 줄 수 있어 선택의 폭까지 넓혀 줬다. 순간의 아이디어가 허리부상의 위험을 줄이고 생활의 편리함까지 가져다 주었다.

이 발명품은요

화분 받침대와 바퀴의 결합 바로 더하기 기법을 활용한 대표적 발명 사례다. 화분 받침대 본연의 역할에 이동을 쉽게 해주는 바퀴의 기능을 더해 이동식 화분 받침대라는 새로운 발명품을 만들어냈다. 발명은 문제의 원인을 찾아 이를 편리하게 만들어가는 과정이다. 문제의 본질만 잘 파악한다면 일상에서 사용되고 있는 다양한 도구들을 결합하는 것으로도 유용한 발명품을 만들어낼 수 있다.

화분 받침대와 바퀴의 결합

역경을 딛고 평범한 주부에서 CEO가 된
'제이엠그린' 이정미 대표

주부, 발명가, CEO, 발명계의 잔다르크 제이엠그린 이정미 대표를 부르는 다양한 수식어들이다. 일상생활에서 떠오른 아이디어를 발명으로 연결시켜 평범한 주부에서 연매출 15억의 중소기업을 일구어낸 장본인이기도 하다. 세계여성발명대회 금상 수상, 제50회 발명의 날 대통령 표창 등 화려한 수상 경력이 보여주듯 제이엠그린의 제품들은 주부들이 꼭 필요로 하는 주방용품들을 만드는 회사다. 꾸준한 제품개발과 지식재산권 등록을 통해 건실한 기업으로 성장해 나가고 있는 제이엠그린 이정미 대표의 성공 스토리를 살펴보자.

성공한 많은 사람들이 그러하듯 이정미 대표 역시 지금의 자리에 있기까지 쉽지 않은 여정을 거쳐 왔다. 1990년까지 유명 브랜드의 가방 핸드백을 주문 생산하던 수출 제조업체를 운영하던 남편이 IMF 위기로 인해 사업이 어려워질 때까지만 해도 그녀 역시 살림만 하던 평범한 주부였다. 하지만 금방 지나갈 거라 생각했던 위기는 좀처럼 가시지 않았고 결국 당장 먹고 살기 힘들 정도로 기울어진 가정은 주부 이정미에게 또 다른 삶을 살게 한 계기가 되었다.

"너무나 힘들었어요. 절망에 빠져서 매일을 한숨과 눈물로 보냈죠. 그러던 어느 날 잠들어 있는 아이들을 보는데 정신이 번쩍 들었어요. 아이들을 위해서라도 다시 시작하자 다짐하게 됐죠"

그녀는 당시의 상황을 이렇게 회고하고 있다.

생계를 위해 대기업 전자부품 공장에 취직해 하루 12시간씩 일을 해가며 본격적인 생활전선에 뛰어들었고 시간이 날 때마다 어렸을 때 꿈이었던 발명에도 도전하기 시작했다. 새벽 4시면 어김없이 일어나 1인 4역을 해내고 그것도 모자라 시시때때로 아이디어 구상에 제품 테스트까지 몸도 마음도 너무 힘들었지만 두 아이에게 부끄럽지 않은 엄마가 되기 위해 이를 악물고 견뎠다.

그렇게 일과 발명을 병행하던 어느 더운 여름날 그녀는 통풍이 되지 않는 브래지어로 인해 답답함을 느끼게 되었고 이 불편함을 해결할 방법을 모색하던 중 바람이 잘 통하는 브래지어 패드를 발명해 특허를 출원하게 된다. 또 여기서 멈추지 않고 평소

알고 지내던 지인의 고충을 듣던 중 떠오른 아이디어를 연구해 새들이 싫어하는 대역의 주파수를 적용한 친환경 조류 퇴치기를 연이어 발명해 특허등록에 성공하게 된다. 비록 성능인증에 필요한 막대한 비용문제 등의 이유로 상품화가 되지는 못했지만 이러한 경험이 발명가로서 자신감을 갖게 한 시발점이 되었다.

본격적으로 이정미 대표를 사업가로 만들어준 발명품은 이미 주부들 사이에도 입소문이 나서 유명해진 "알알이 쏙"이라는 발명품이다. 평소 요리할 때 자주 사용하는 마늘, 당근, 고추 등의 남은 재료들을 알뜰하게 보관하고 쉽게 사용할 수 없을까 고민하던 중 냉동실에 있던 얼음틀을 모티브로 소재변경을 통해 발명에 성공한 것이다.

하지만 발명을 한다고 해서 바로 제품이 나오는 것은 아니었다. 시제품 제작에서부터 특허출원, 제품생산, 디자인, 사무실 임대, 직원 고용, 판로 개척, 홍보 등등 준비하는 과정 또한 만만치 않았다. 그때마다 중소기업청을 비롯해 정부에서 진행하는 지원사업의 도움을 받아가며 한걸음씩 나아갔고 우여곡절 끝에 제이엠그린이라는 사명으로 창업에 성공하게 된다.

이렇게 문을 연 회사는 창업한 지 불과 2년 만에 연매출 4억을 달성하며 사업에 청신호를 밝히게 된다. 하지만 순탄할 거라 생각했던 사업은 소위 짝퉁이라 불리는 유사제품들이 등장하며 위기를 맞게 된다. 시장에서 제법 인기를 얻는 아이디어 제품의 특허가 공개되면 청구항의 허점을 교묘히 이용해 모조품을 만드는 기업이 속속 등장하기 마련이다. 스타트업의 경우 인력이나 자금이 부족해 홍보가 느리고 판로 개척에 시간이 걸리기 때문에 자칫 대응이 늦을 경우 정글과 같은 사업 생태계에서 희생양이 되는 사례가 많다.

제이엠그린 역시 이러한 성장통을 겪으며 좌절감에 빠졌었지만 위기는 곧 기회라는 말을 상기하며 식재료에 최적화된 소재와 다양한 수상경력을 바탕으로 각종 제품전시회와 박람회에 참가해 해외 바이어들로부터 긍정적인 반응을 얻었던 일을 계기로 마침내 미국, 이스라엘, 호주, 말레이시아, 인도 등 5개국과 계약을 맺으며 해외수출기업으로 변모하여 위기를 슬기롭게 극복하게 된다. 그리고 현재는 다양한 제품개발을 기반으로 40개가 넘는 지식재산권을 보유한 주방용품 전문 기업으로 세계를 향해 성장해 나가고 있다.

내가 바라본 이정미 대표의 발명품들은 한마디로 여성만의 강점을 잘 살린 군더더기 없는 발명품들이라고 표현하고 싶다. 앞서 설명했듯 발명은 기본적으로 좋은 소재를 찾는 것이 첫 번째인데 제이엠그린의 제품들이 그러하기 때문이다. 음식 조리 후 남은 재료들을 어떻게 보관해야 다음에도 알뜰하게 사용할 수 있을지, 또 도마에 김치를 자를 때 흘러내리는 김칫 국물이 있는지는 사실 남성들 입장에서는 좀처럼 찾아내기 힘든 소재이기 때문이다.

발명가로서의 예리함과 사업가로서의 당찬 마인드를 두루 갖춘 이정미 대표는 앞으로도 꾸준한 제품개발로 한국의 우수한 제품들을 수출을 통해 대한민국을 알리는 회사로 성장하고 싶다는 포부를 들으며 성공이란 단순히 기술이 전부가 아닌 결국 이것을 현실로 만들어가는 사람에 있다는 것을 느낄 수 있었다. 이러한 이 대표의 성공 사례가 하나의 밀알이 되어 앞으로 제2, 제3의 이정미가 탄생하기를 발명가의 한 사람으로서 기대해본다.

다이너마이트 발명으로
유럽 최대의 부호가 된 노벨

매년 인류의 발전에 이바지한 사람들을 뽑는 위대한 상이 있다. 이미 우리에게도 잘 알려진 노벨상은 다이너마이트 발명으로 유명한 알프레드 노벨에 의해 제창되었다.

노벨은 1833년 10월 스웨덴 스톡홀름에서 태어났다. 부친의 사업실패로 유년시절 핀란드와 러시아 등을 떠돌던 노벨은 30세가 되던 1863년부터 아버지와 함께 폭약연구를 시작했고, 곧이어 독자적인 아이디어로 신형 뇌관과 액체 폭약을 개발해 연이어 특허를 받게 된다. 또 1876년부터 니트로글리세린을 규조토에 흡수시켜 만든 고체 폭약을 '노벨의 안전 화약'이라는 이름으로 판매하며 성공의 가도를 달리게 된다. 당시 상표명인 다이너마이트는 훗날 이 물건을 지칭하는 일반명사가 되었다.

다이너마이트는 비교적 안전한 화약으로 광산, 토목 건설 등지에 널리 쓰이지만 폭발력이 약하고 연기가 많이 나서 군사용 폭약으로 쓰기에는 부적절했다. 보다 강력한 화약을 발명하려고 고민하던 노벨은 어느 날 화약의 원료인 니트로글리세린으로 실험을 하던 중 실수로 손가락을 베이고 만다.

그는 당시 액체 반창고로 사용하던 콜로디온 용액을 상처 부위에 바르고 실험을 계속했는데 니트로글리세린이 콜로디온 용액에 묻자 서로 용해되면서 모양이 변하는 것을 발견하게 된다. 여기서 힌트를 얻은 노벨은 니트로글리세린과 콜로디온을 섞고 가열해서 투명한 젤리 상태의 물질인 '폭파 젤라틴'을 발명하게 된다. 이 폭파 젤라틴이 바로 다이너마이트보다 3배 이상의 큰 폭발의 위력을 가진 폭약으로 일명 '다이너마이트 검'이다.

훗날 폭파 젤라틴은 "시험관이 아니라 노벨의 손가락에서 탄생했다"는 말이 나올 정도로 노벨의 집념의 산물로 여겨진다. 실제로 노벨에게 엄청난 부와 명성을 안긴 것은 다이너마이트가 아닌 바로 이 폭파 젤라틴이다. 젤라틴의 발명에 탄력을 받은 노벨은 군사용 폭약에 관한 연구를 계속해 놀라운 성능의 연기가 나지 않는 무연화약인 '바리스타이트'를 발명하게 되고 이후 바리스타이트는 소총, 대포, 기뢰, 폭탄 등에 널리 쓰이게 되었다.

참고자료: [과학을 읽다] 아시아경제 김종화 기자

특허는 처음이지?
지금부터 한번 친해져 볼까?

chapter 3

어렵게만
느껴지는 특허
지금부터 한번
친해져 볼까?

발명가의 비밀노트

어떤 발명이

돈이 되는 발명일까?

1. 사업화하기 쉬운 형태의 발명

2. 저렴한 가격에 공급이 가능한 발명

3. 많은 사람들이 꼭 필요로 하는 발명

4. 쉬운 대안이 적거나 없는 발명

지식재산권 누구니 넌?

지식재산권이란 "인간의 지적 창조물에 대해 법이 부여한 권리"라 정의할 수 있다. 이러한 지식재산권은 다음과 같이 구분할 수 있다.

출처: 한국지식재산보호원

먼저 우리가 흔히 알고 있는 특허는 산업재산권에 속해 있는 지식재산권의 일종이다. 산업재산권이란 산업에 이용되거나 이용될 가능성이 있는 지적 창조물을 보호하는 영역으로 특허권, 실용신안권, 디자인권, 상표권 이렇게 4가지로 구성된다. 먼저 특허는 대발명이라고도 하며 발명 중에서도 고도성이 높은 발명을 보호하는 것이다. 실용신안은 소발명이라고도 하며 특허에 비해 상대적으로 고도성이 낮은 고안을 보호하는 것이다. 또 디자인권은 기술적 부분이 아닌 심미적인 요소에 해당하는 부분으로 물품의 형상, 모양, 색채 또는 이들의 결합으로서 시각을 통해 미감을 일으키는 것을 보호한다. 마지막으로 상표권은 상품의 브랜드 가치를 보호하는 것이다. 자동차로 예를 들어 본다면 직분사 엔진 방식은 특허에 해당하고 시야가 넓어 보이는 사이드미러는 실용신안, 우드 모양을 한 데시보드는 디자인권, 제네시스라는 자동차 브랜드는 상표권에 해당한다고 볼 수 있다.

다음으로 저작권이란 "문학, 학술, 예술에 속하는 창작물에 대한 권리를 보호한다."라고 정의할 수 있다. 저작권은 크게 저작인격권과 저작재산권, 저작인접권으로 나눠지는데 저작인격권이란 저작자의 인격에 관한 권리를 보호해주는 것이고 저작재산권은 해당 저작물로 인해 발생할 수 있는 경제적 이익에 대한 권리를 보호하는 것이다.

이승철의 〈말리꽃〉이라는 노래로 예를 들어 살펴보자. 〈말리꽃〉

은 작사:이근상, 작곡:이근상, 노래:이승철 이렇게 표기되어 있다. 그렇다면 이 곡과 관련된 저작권은 어떻게 구성돼 있을까? 먼저 저작인격권은 곡을 창작한 이근상 씨에게 있다. 때문에 이 곡을 방송에 내보낼지 말지(공표권), 이근상의 이름을 표기해 달라(성명 표시권), 노래를 함부로 바꾸지 말고 그대로 유지해 달라(동일성 유지권)의 권리를 가지게 된다. 또 저작재산권 역시 곡을 창작한 이근상 씨에게 있다. 때문에 이 곡으로 인해 발생하는 경제적 수익을 가질 수 있는 권리를 가지게 된다.

저작인격권과 저작재산권은 성격상의 차이점 외에도 상속이나 양도 유무에서도 차이를 보이는데 저작인격권에 부여된 권리는 상속이나 양도가 불가능하며 저작자 사망 시 자동으로 소멸되는 반면 저작재산권은 상속이나 양도가 가능하다. 예를 들어 이근상 씨가 김발명에게 저작재산권을 양도했다면 저작자는 이근상, 저작권자는 김발명이 되는 것이다. 이러한 저작재산권의 보호기간은 저작물의 종류에 따라 다르지만 일반적으로 저작자 사망 후 70년까지 보호된다.

그렇다면 이 노래를 부른 가수 이승철 씨는 언제 나오는 걸까? 가수는 엄밀히 얘기하면 저작자가 아니고 저작인접권자로 분류된다. 앞에서 말한 저작인격권과 헷갈리면 안 된다. 저작인접권이란 실연자(가수 등), 음반제작자, 방송제작자에게 주어지는 권리로서 곡을 창작한 저작자와는 별도로 인격적 권리인 성명 표시권과 동일성 유지권을 가지며 재산적 권리인 복제권, 배포권, 대여권, 공연권, 방송권, 전송권 등을 가지게 된다. 이처럼 노래 한 곡에도 실타래처럼 무수히 많은 종류의 권리들이 연결되어 있다 보니 저작권을 일컬어 권리의 다발이라 부르기도 한다. 복잡해 보이는 저작권이지만 간단하게 이것만 기억하면 된다. 저작자란 그 곡을 만든 사람(작사, 작곡)이고, 저작권자는 곡에 대한 재산상의 권리를 가진 사람을 말하며, 가수는 실연자로서 저작자가 아닌 저작인접권자로 분류된다.

마지막으로 신지식재산권은 기존의 산업재산권이나 저작권 외에 기술의 발전에 따라 새롭게 등장하는 지식재산 영역을 보호하는 것으로서 컴퓨터 프로그램, 유전자조작동식물, 반도체설계, 인터넷, 캐릭터산업 등이 여기에 속한다.

특허는 뭐고
왜 받아야 하는 걸까?

　우리가 발명을 하고 특허를 내기 전 반드시 알고 넘어가야 할 부분이 있다. 바로 특허가 무엇인지 정확한 개념을 이해하는 것이다. 대부분의 사람들은 특허란 내 발명을 국가가 법적으로 보호해주는 장치라고만 알고 있다. 물론 틀린 말은 아니지만 사실 그것이 특허의 본질은 아니다. 특허의 원래 목적은 산업발전을 위한 기술의 공유에 있다.

　특허를 받기 위해서는 특허청에 특허출원서와 명세서를 제출하게 되는데 제출한 날을 기준으로 1년 6개월 후에는 등록 여부와는 상관없이 명세서의 모든 내용을 일반에 공개하게 된다. 바꿔 말해 당신의 발명을 나만 알 수 있게끔 서랍 속에 꼭꼭 숨겨놓고서는 특허를 받을 수는 없다는 말이다. 아니 내가 원하지도 않은데 왜 강제로 공개를 하냐고 반문할지 모르지만 그 이유는 앞서 말한 대로 산업발전에 기여하기 위한 특허의 목적에 있다. 때문에 특허권자에게 주어지는 특허의 권리는 결국 기술의 공개를 대가로 발명자에게 일정 기간의 독점권을 부여해주는 것이라 말할 수 있다.

예를 들어 우리가 매일같이 사용하게 되는 침대의 경우를 살펴보자. 처음부터 이런 과학적인 침대가 뚝딱하고 만들어지지는 않았을 것이다. 침대라는 물건이 존재하지 않았던 시대에는 바닥에 이불을 깔고 누워서 잠을 잤을 것이다. 그러다 어느 누군가는 딱딱한 바닥에서 느낀 불편함을 개선하기 위해 탄성이 있는 스프링을 넣어 침대를 발명하게 되었을 것이다. 이후 일체형 침대에서 느낀 불편함을 개선하고자 연구를 거듭한 끝에 지금과 같은 독립스프링을 가진 침대를 발명하게 되었을 것이다.

이러한 과정에서 볼 수 있듯 기술의 발전이란 하나에서 시작해 둘로 이어지고 둘을 거쳐 셋이 되는 연속적인 형태의 진화가 이루어지는 것이라 말할 수 있다. 만약 이런 스프링 침대의 기술이 어느 누군가의 서랍 속에만 감추어져 있었다면 어떻게 됐을까? 아마 후속 기술이 개발이 안 되었거나 되었더라도 훨씬 많은 시간과 노력이 들어갔을 것이다. 때문에 발명이란 한 개인의 연구와 노력이 고스란히 녹아 있는 결정체이면서 동시에 인류에게 지금보다 나은 삶을 제공하기 위한 공동체적인 목적을 가진 행위라고도 볼 수 있다.

이렇듯 특허는 공개를 전제로 하는 것이기 때문에 아이디어의 성격에 따라 특허출원 여부를 신중히 생각해볼 필요가 있다. 예를 들어 우리 집에 대대손손 내려오는 게장 담그는 비법이 있다. 이미 맛집으로 정평이 나 있어 전국에서 사람들이 찾아올 정도로 장사도 잘된다. 그렇다면 이런 게장 담그는 비법은 특허를 내는 것이 좋을까? 내지 않는 것이 좋을까? 앞서 얘기한대로 특허를 출원하게 되면 1년 6개월 후에는 그 비법이 모두 공개되고 특허존속기간 만료시점인 20년 후에는 누구나 사용해도 되는 일반적인 조리법이 된다. 그렇기 때문에 이러한 경우에는 특허를 내지 않고 노하우로 간직하는 것이 보다 현명한 선택이 될 것이다. 그렇다면 특허 말고도 내 아이디어를 보호할 수 있는 방법이 있을까? 음식을 만드는 비법처럼 쉽게 따라 하기 힘든 경우에는 그냥 영업비밀로 보호하면 된다.

이러한 영업비밀에 대해서는 "부정경쟁방지 및 영업비밀보호에 관한 법률"이라는 법의 보호를 받게 된다. 이 법의 취지는 타인의 영업비밀을 침해하는 행위를 방지하고 영업비밀을 공개하는 행위를 금지하는 것을 목적으로 한다. 이를테면 맛집에서 일을 하던 종업원이 이 집만의 비법을 알아서 외부에 공개해 피해를 주었다면 이에 대해서 민·형사상 처벌을 받게 된다고 이해하면 된다. 또 영업비밀의 경우 존속기간이 따로 존재하지 않기 때문에 기술 유출만 되지 않는다면 반영구적으로 보호가 가능하다는 장점을 가지고 있다.

코카콜라가 130년 넘도록 최고의 음료 회사로 자리매김 할 수 있었던 이유는 바로 그 제조비법을 특허로 내지 않고 영업비밀로 유지

했기 때문이다. 하지만 이와는 반대로 꼭 특허를 내야 하는 경우도 있다. 제품을 만들어 시중에 내놓으면 조금만 유심히 관찰해도 관련 기술자가 쉽게 원리를 파악해 모조품을 만들 수 있는 아이디어 제품이라면 이는 반드시 특허출원 후 진행해야 법적 보호를 받을 수 있다.

특허를 받으면 어떻게
돈을 벌게 되는 걸까?

사실 우리가 발명을 하고 특허를 내면서 가장 궁금해하는 부분이 아닐까 싶다. 흔히 특허를 받으면 특허청에서 돈이 나오는 것으로 오해하는 사람들이 있는데 이는 특허의 본질을 잘못 이해하고 있는 것이다. 특허는 내가 발명한 기술을 공개하는 대가로 일정 기간의 독점권을 갖는다는 의미이지 그 자체가 돈이 되는 것은 아니다. 특허가 돈이 되기 위해서는 어떠한 형태로든 제품으로 생산돼 소비자가 구입했을 때 비로소 경제적 수익이 발생하게 된다. 이렇게 등록된 특허를 이용해 소기의 목적을 달성하는 방법에 있어서는 다음의 몇 가지로 구분해볼 수 있다.

1. 직접실시를 통한 수입

직접실시란 말 그대로 본인이 특허권을 바탕으로 직접 사업을 해서 수익을 내는 방법을 말한다. 역사적으로 볼 때 큰 성공을 거둔 사례들을 살펴보면 대부분 본인이 직접 사업을 통해 수익을 냈을 때이다. 하지만 그에 따르는 위험 부담도 만만치 않다. 사업경험이 없는 발명자가 특허 하나 믿고 섣불리 사업에 뛰어들었다가 빚만 잔뜩 남기고 도산하는 경우도 비일비재하다. 여기서 우리가 간과하지 말아야 할 것은 발명과 사업은 엄연히 다른 영역이라는 점이다. 때문에 직접실시로 성공하기 위해서는 본인 스스로가 사업에 대한 경험과 통찰력을 갖추고 있어야 하며, 그와 관련된 사업 생태계를 어느 정도 파악하고 있어야 실패할 가능성을 낮출 수 있을 것이다.

2. 양도를 통한 수입

양도란 특허권을 제3자에게 판다는 것이다. 특허는 하나의 재산권이기 때문에 자유롭게 사고 팔 수 있다. 가격만 잘 받는다면야 어떤 위험 부담도 없이 발명의 대가를 고스란히 받을 수 있는 좋은 방법 중 하나다. 과거 제조업 중심의 산업체계에서 지식재산권을 바탕으로 한 산업체계로 변화되면서 이에 근간이 되는 산업재산권의 거래가 예전에 비해 활성화돼 가고 있다. 그렇다면 이렇게 양도하는 특허의 가격은 얼마나 될까? 사실 특허에 정해진 가격이란 건 없다. 매도자와 매수자가 얼마에 거래하겠다라고 합의하면 그것이 바로 그 특허의 가격이 되는 것이다.

3. 실시권을 통한 수입

실시권이란 특허권자는 변하지 않은 상태에서 제3자가 그 행위를 할 수 있도록 허락해주는 것을 말한다. 이렇게 해서 얻는 수입을 보통 로열티 수입이라 부른다. 이러한 실시권은 다시 통상실시권과 전용실시권으로 나눌 수 있다. 통상실시권이란 특허권자에게 유리한 조건으로서 하나의 기업에게 독점적 권한을 주지는 않는 것을 말한다. 즉, 해당 특허권으로 인한 제품생산을 A기업뿐 아니라 B기업, C기업도 할 수 있도록 계약하는 것이다. 반면 전용실시권은 기업 입장에 유리한 조건으로서 한 기업에게 제품 생산에 대한 독점권을 주는 것이다. 전용실시권을 허락하게 되면 특허권자 역시 함부로 해당 특허를 실시할 수 없게 된다. 또한 전용실시권자는 특허 침해시 특허권자의 허락 없이도 특허권 침해소송을 제기할 수 있는 권한도 갖게 된다. 로열티의 지급방식은 계약하는 조건에 따라 달라지는데 통상적으로 일시불이나 분기별 또는 매달 일정 금액을 받는 방법이 있고, 그 외 상품의 판매 개수 당 몇 퍼센트 형태로 지급받는 방법 등이 있다.

4. 침해소송을 통한 수입

일반적이지는 않지만 특허 침해를 당했을 경우 침해소송을 통해 돈을 버는 방법도 있다. 아직 우리에게는 생소하지만 특허 선진국인 미국에는 비실시기업(NPE)이라는 특허소송전문기업이 있다. 이들은 특허를 보유하고 있으면서 제품은 생산하지 않고 해당 특허의 침해소송을 통해 수익을 올리는 전문회사를 말한다. 우리나라에선 2014년 골프존 볼 인지 센서를 두고 개인 발명가와 골프존 회사 간의 특허침해 소송 사건이 있었다. 당시 1차 재판에서 개인 발명가가 승소를 했고 배상 판결금액이 천억 원이 넘어서 화재가 되었던 사건이었다.

이상 특허로 돈 버는 방법들에 대해 살펴봤다. 추가적으로 이러한 특허권 거래는 발명진흥회에서 운영하는 IP마켓이라는 곳을 알아두면 좋다. 그 외에 사설 거래 중개소들이 있지만 수수료가 좀 비싼 편이다. 발명은 특허에만 그치는 것이 아니라 이를 필요로 하는 기업들에게 적재적소 연결될 수 있어야 비로소 그 가치를 발휘하게 된다. 진정한 특허선진국이 되기 위해 개인 발명가들의 특허 거래 활성화가 필요한 이유다.

특허출원과 특허등록
똑같은 거 아니었어?

"이 제품은 특허출원한 제품입니다"라는 광고를 누구나 한 번쯤 접해봤을 것이다. 이런 광고를 보면 우리는 보통 어떤 생각을 하게 될까? 아마 대부분 이 상품은 우수한 기술력을 갖춰서 특허까지 받은 제품이라고 이해했을 것이다. 하지만 우리가 생각한 것과는 다르게 이 제품은 아직 특허를 받지 못한 제품이다. 특허출원이란 심사를 받기 위해 발명한 내용을 특허명세서로 작성하고 특허출원서와 함께 특허청에 제출하는 행위 그 자체를 말한다. 때문에 특허출원 단계의 발명품은 아직 신규성이나 진보성 등의 요건을 갖추었는지 검증되지 않은 상태이고 등록특허가 가지는 독점권 역시 가지고 있지 않다.

특허출원을 하게 되면 가장 먼저 방식심사라는 과정을 거치게 된다. 방식심사란 방식주의를 채택하고 있는 우리나라 특허제도에 따라 특허출원서와 명세서가 잘 작성되었는지 또 빠진 부분은 없는지 그 형식을 심사하는 단계다. 여기서 아무런 문제가 없다면 다음으로 실체심사라는 것을 들어가게 된다. 실체심사란 출원한 발명이 특허성을 가지고 있는지 발명의 내용을 심사하는 것이다. 이러한 실체심사에서 문제가 없다면 심사관은 등록결정을 내리게 되고 이후 설정등록을 거쳐 비로소 독점권이라는 권리가 발생하게 되는 것이다. 이렇게 등록까지 마친 특허가 바로 우리가 아는 진짜 특허다.

그런데 이렇게 온전한 권리도 없는 특허출원을 왜 기업들은 애써 홍보하는 걸까? 그 이유는 바로 제품 홍보에 특허를 활용하기 위해서다. 일반인들이 특허출원과 특허등록의 차이점을 잘 알지 못하는 경우가 많기 때문에 출원 단계임에도 불구하고 홍보를 하는 것이다. 이를 특허 마케팅이라고 하는데 특허를 받았다고 하면 뭔가 특별하게 느끼는 사람들의 심리를 이용한 마케팅 기법을 말한다. 어떤 경우에는 기술적 진보성과는 무관한 디자인권이나 상표권을 가지고도 마치 특허를 받은 것처럼 교묘하게 홍보하는 경우도 있다. 이러한 과장 광고에 현혹되지 않기 위해서는 소비자가 기본적으로 산업재산권의 종류를 구분할 줄 알아야 한다. 방법은 생각보다 어렵지 않다. 특허출원된 상품을 자세히 살펴보면 일정한 형식의 번호가 표시되어 있는 것을 볼 수 있는데 이 번호가 나타내는 의미를 알면 쉽게 구분이 가능하다.

특허출원번호

10-2020-1234567

-10 : 산업재산권의 종류표시

(10-특허, 20-실용신안, 30-디자인권, 40-상표권)

-2020 : 출원년도 표시

-1234567 : 일련번호 표시

ex) 30-2019-1234567

:2019년도에 1234567의 일련번호로 출원된 디자인권

특허출원번호와 특허등록번호를 구분하는 방법

특허출원번호 : 10-2020-123456 (출원년도 표시가 있음.)

특허등록번호 : 10-12345678   (출원년도 표시가 없음.)

참고로 특허출원 자체는 법적 독점권이 없어 유사제품에 대해 법적권리행사를 할 수는 없지만 특허출원이 공개된 시점부터는 출원 중인 제품의 침해에 대해 타사에 경고를 할 수 있고 상대방이 그 경고를 받거나 출원공개된 발명임을 안 때부터 보상금청구권이라는 것이 생기게 된다. 보상금청구권이란 특허출원인이 출원공개가 있

은 후 경고를 받거나 출원공개된 발명임을 알고 그 특허출원된 발명을 업으로 실시한 자에게 그 경고를 받거나 출원공개된 발명임을 안 때부터 특허권의 설정등록 시까지의 기간 동안 그 특허발명의 실시에 대하여 합리적으로 받을 수 있는 금액에 상당하는 보상금의 지급을 청구할 수 있는 권리를 말한다.

발명자, 특허출원인, 특허권자 대체 무슨 차이지?

발명자와 특허출원인 또 특허권자의 차이는 일반인들이 가장 혼동하는 부분 중 하나일 것이다.

첫 번째로, 발명자는 해당 발명품을 실제로 발명한 사람을 말한다. 이러한 발명자에게는 성명권이 부여되며 특허출원서와 특허등록증의 발명자란에 이름이 기재될 권리를 가지게 된다. 발명자는 혼자일 수도 있고 다수일 수도 있는데 혼자 발명한 경우를 단독발명, 다수가 함께 발명한 경우를 공동발명이라고 한다.

두 번째로 특허출원인은 특허출원서와 명세서를 특허청에 제출해 특허출원을 한 사람을 말한다. 이는 사람일 수도 있고 법인의 형태가 될 수도 있다. 또 발명자와 동일인일 수도 있고 그렇지 않을 수도 있다. 개인 발명가의 경우 본인이 발명해서 직접 특허출원하게 되면 발명자와 특허출원인이 동일하겠지만, 특정 기업에 소속된 직원이 직무와 관련된 발명을 한 경우에는 직무발명에 대한 규정에 의해 해당 발명 특허에 대한 권리를 소속된 회사에 이전하게 되는데 이런 경우 발명자는 본인이 되지만 특허출원인은 해당 기업이 된다.

마지막으로 특허권자는 등록된 특허에 대한 실질적 권리를 가진 사람을 말한다. 예를 들어 A가 발명하고 한국전자가 특허출원을 했다면 특허가 등록되었을 경우 발명자는 A가 되고 특허권자는 한국전자가 된다. 그런데 여기서 한 가지 궁금증이 생길 것이다. 그렇다면 이렇게 등록된 특허의 재산상의 권리는 누가 갖게 될까? 각자가 어느 정도의 공로가 있으므로 발명자가 30%, 특허출원인이 30%, 특허권자가 40% 정도를 나누어 가지면 합리적일까? 하지만 예상과 다르게 등록된 특허의 모든 권리는 100% 특허권자가 갖게 된다. 발명자에게는 오직 성명권만이 부여되며 특허권자가 변경되는 경우에도 성명권은 그대로 유지된다.

또한 특허는 그 자체가 하나의 지식재산권이기 때문에 자유롭게 사고 팔 수가 있다. 예를 들어 특허권자인 한국전자가 발명전자에 특허권을 100억 원에 매각하게 된다면 100억은 한국전자의 몫이 된다. 단, 직무발명의 경우 통상적으로 기술 이전 금액의 50%를 직무발명자에게 보상해주도록 발명진흥법에 명시되어 있다. 여기서 직무발명이란 종업원, 법인의 임원 또는 공무원이 그 직무에 관하여 발명한 것이 성질상 사용자·법인 또는 국가나 지방자치단체의 업무 범위에 속하고 그 발명을 하게 된 행위가 종업원 등의 현재 또는 과거의 직무에 속하는 발명을 말한다. 이렇게 특허권자가 변경될 경우에는 최종적으로 발명자는 A로 동일하며 특허권자만 발명전자로 특허등록원부에 변경되게 된다. 끝으로 특허증에는 발명자와 특허권자만 기재되지만 특허청 키프리스에 해당 특허번호로 검색을 해보면 특허권자의 변동 여부 등 관련 행정 사항을 확인할 수 있다.

특허에게 동생이 있었다고?
실용신안을 소개한다

산업재산권은 특허, 실용신안, 디자인권, 상표권의 4가지로 나누어진다. 이 중 발명에 관련된 것이 바로 특허와 실용신안이다. 일반적으로 특허는 많이 들어봤겠지만 실용신안은 생소한 경우가 대부분일 것이다. 우선 각각의 정의를 살펴보면 다음과 같다.

특허 : 발명을 보호. 장려하고 그 이용을 도모함으로써 기술의 발전을 촉진하여 산업발전에 이바지함을 목적으로 한다.

실용신안 : 실용적인 고안을 보호·장려하고 그 이용을 도모함으로써 기술의 발전을 촉진하여 산업발전에 이바지함을 목적으로 한다.

이렇듯 특허와 실용신안의 차이점은 특허는 발명을 보호하고 실용신안은 고안을 보호하는 것으로 구분된다. 이는 발명의 고도성을 말하는 것으로서 실체심사 과정에서도 통상의 기술자가 공지된 기술들을 조합해 용이하게 구현이 가능하냐(특허) 또는 극히 용이하게 구현이 가능하냐(실용신안)의 미묘한 차이를 보이게 된다. 또 다른 차이점을 살펴보면 특허는 특허권자에게 주어지는 권리의 존속기간이 20년임에 비해 실용신안은 10년이라는 점이 다르다. 또 실용신안은 물품의 형상 등의 고안에 한정되기 때문에 방법에 대한 발명은 등록 받을 수 없다. 쉽게 말해 음식 만드는 비법 같은 건 특허만 받을 수 있고 전자동 사이드미러 같은 물품 발명은 특허, 실용신안 둘 중 하나를 선택해서 출원이 가능하다는 얘기다.

특허출원의 실체심사를 요구하는 심사청구기간은 특허나 실용신안 모두 출원일을 기점으로 3년 이내에 청구해야 하며 이 기간이 넘으면 출원은 취하된다. 이러한 심사청구기간은 특허의 경우 5년, 실용신안은 3년 이내였으나, 2016년을 기점으로 둘 다 3년으로 동일하게 변경되었다.

실용신안은 특허와 비교할 때 존속기간이 짧다는 단점이 있지만 출원 비용이 특허에 비해 절반에 불과하고 권리를 유지하기 위해 매년 내야 되는 연차료 역시 상대적으로 저렴하다는 나름의 장점을 가지고 있다. 어차피 둘 다 발명에 대한 독점권을 가진다는 점에서 동일하기 때문에 사실상 존속기간의 차이 말고는 크게 다르지 않다고 볼 수 있다. 가끔 "실용신안은 특허가 아니다"라고 말하는 사람들이 있는데 실용신안 역시 위와 같은 이유로 발명특허의 한 종류로 보는 것이 타당하다.

그렇다면 내가 한 발명을 특허로 출원할지 실용신안으로 출원할지를 어떻게 선택해야 할까? 우선 앞서 설명한 대로 실용신안의 장단점을 고려해서 판단해볼 수 있을 것이고, 다음으로 내가 한 발명이 내용면에서 타인에 의해 쉽게 모방될 수 있는 경우, 단순 아이디어 제품이나 잡화일 경우, 제품의 사이클 주기가 짧아 긴 존속기간이 필요하지 않은 경우, 마지막으로 진보성이 낮아 특허등록이 어렵다고 판단되는 경우에는 특허보다는 실용신안으로 출원하는 게 더 유리할 수 있다.

무료로 특허를 내는
방법도 있다고?

특허를 출원하는 방법에는 발명자가 직접 서류를 작성해 출원하는 방법과 변리사를 통해 대리 출원하는 방법이 있다. 둘 중 어떤 방법을 선택하는지에 있어 가장 고민이 되는 것이 바로 비용문제일 것이다. 사실 개인 발명가의 경우 등록여부가 불확실한 상태에서 수백만 원의 비용을 들여가며 특허를 출원한다는 것은 생각보다 쉽지 않은 일이다. 때문에 좋은 아이디어가 있더라도 특허출원에 들어가는 비용 때문에 출원을 포기하는 경우가 많다. 특허출원비용 중 관납료의 경우 학생(초.중.고)은 100% 면제가 되고 그 외 개인 발명가의 경우에도 70% 감면 혜택이 주어지므로 부담이 크지 않지만 변리 비용의 경우 부담이 되는 것이 사실이다. 하지만 이러한 변리비용 역시 일정한 조건에 해당한다면 무료로 지원 받을 수 있는 방법들이 있다.

첫 번째 공익변리사 특허상담센터를 통해 서류작성을 지원받을 수 있다. 지원받을 수 있는 대상은 대부분 사회적 취약계층으로서 그 중에는 청년창업자와 군인, 학생도 포함된다. 지원대상에 해당돼 공익변리 서비스 신청을 원할 경우 공익변리사 특허상담센터 홈페이지의 서류작성 지원을 선택해 필요한 서류를 준비해서 온라인이나 우편을 통해 제출하면 된다. 제출된 서류는 검토 후 특허성이 있다고 판단되면 지정된 변리사를 통해 출원서류에 해당하는 특허명세서와 중간사건에 해당하는 의견서, 보정서 등의 서류작성을 지원받을 수 있다.

두 번째로 대한변리사회를 통해 공익변리를 지원받는 방법이 있다. 대한변리사회는 지식재산권 전문가인 변리사들로 구성된 사단법인 단체로서 소속된 회원들에 의해 사회적 취약계층을 대상으로 1년에 1건씩 무료로 변리업무를 시행해주고 있다. 지원대상과 방법은 공익변리사 특허상담센터와 크게 다르지 않다. 자세한 내용은 대한변리사회 홈페이지에 링크된 공익변리 지원 요강을 참고하면 된다. 지원 대상에 해당하는 경우 지정된 담당 변리사를 통해 특허명세서와 특허출원서 작성에서부터 중간사건에 해당하는 의견서와 보정서 부분까지 일괄적인 서비스를 지원받을 수 있다.

세 번째로 각 지역 지식재산센터에서 지역 내 거주하는 개인 발명가 및 예비창업자를 대상으로 운영하는 IP디딤돌프로그램이 있다. 제공되는 프로그램은 아이디어 기초상담, IP기반 창업교육, 아이디어 권리화, 3D 모형설계, 창업컨설팅 등이다. 매년 초(2월경) 공고가 나며 한정된 예산 내에서 운영되므로 가급적 빨리 신청하는 것이 유리하다. 아이디어 신청서를 작성해 우편이나 이메일로 신청하면 되고 기초심의를 거쳐 선정 시 1인당 160만 원까지 지원 받을 수 있다.

마지막 네 번째는 발명대회에 출품하는 방법이다. 전부는 아니지만 발명대회의 종류에 따라 입상할 경우 특허출원 비용을 지원받을 수 있다. 여기에 더해 일부 발명대회는 시제품 제작 비용까지 지원해주는 곳도 있으므로 이를 잘만 활용한다면 수천만 원의 관련 비용을 지원받는 효과를 누릴 수 있다. 물론 발명대회에 입상한 경우에 한해 지원을 받을 수 있지만 초기 심사과정에서 기본적인 선행기술 조사과정을 거치게 되므로 이를 통해 어느 정도의 특허등록 가능성을 미리 살펴볼 수 있다는 장점을 가지기도 한다. 또한 관련 기업과 소비자에게 해당 발명품을 자연스럽게 홍보할 수 있는 효과까지 가지게 되므로 비용 절감과 제품 홍보라는 일거양득의 효과를 누릴 수 있는 가장 좋은 방법이 아닐까 생각한다.

특허 내려면 시제품이
꼭 있어야 하는 걸까?

특허를 출원할 때 시제품을 꼭 만들어야 하는지 궁금해하는 사람들이 많다. 결론부터 말하자면 특허를 등록받는 과정에서 시제품은 필요하지 않다. 다른 산업재산권 분야도 마찬가지지만 특허는 출원에서부터 등록까지 100％ 서류심사로만 이뤄지게 된다. 특허출원 시 제출하는 특허명세서의 마지막 항목에 도면을 첨부하도록 되어 있는데 심사관은 이 도면을 참고해 심사를 하게 된다.

그렇다면 우리가 아는 시제품은 언제 필요할까? 시제품은 말 그대로 제품을 시연하기 위해 임시로 만든 제품이라고 할 수 있다. 때문에 시제품은 특허출원 후 바로 마케팅 단계로 가거나, 특허 등록을 마치고 이를 사업화하는 단계에서 필요하다. 실제 제품을 보여줘야 투자자나 소비자에게 확실하게 어필할 수 있기 때문이다. 인터넷에 보면 시제품을 제작해주는 업체들이 많이 있지만 제작비용이 생각보다 비싼 편이다.

일반적으로 소품종 대량생산 방식에서 만들어지는 제품은 형틀을 만들고 물건을 대량 생산해 박리다매 형식으로 유통하기 때문에 시중에 판매되는 가격에 공급이 가능하지만, 다품종 소량생산 방식의 시제품 제작은 극소량의 생산물을 위해 기본 형틀 제작비용 등이 고스란히 들어가니 비용이 비쌀 수밖에 없는 구조인 것이다. 때문에 적게는 수백만 원에서 보통 수천만 원 많게는 억 단위가 넘어가기도 한다. 요즘은 3D프린팅 기술의 발전과 보급으로 시제품 제작이 전보다 수월해지고 있지만 아직까지는 일반인들이 접근하기 어려운 것이 사실이다.

특허명세서에 첨부하는 도면이 중요한 이유는 해당 발명을 심사관에게 설명할 수 있는 가장 직관적인 도구이기 때문이다. 또 향후 중간사건에 대한 보정서 작성 시 최초에 작성된 명세서 또는 도면에 기재된 범위 내에서만 보정할 수 있으므로 가급적 다양한 실시 예를 들어 작성하는 것이 유리하다. 이렇게 최초 명세서에 기재된 내용에 한해서만 보정할 수 있는 것을 "보정제한주의"라고 한다.

이렇게 작성하는 도면은 해당 발명품의 특징과 작동 원리를 제시하는 수준이면 된다. 예를 들어 우리가 3단 우산을 발명했다고 가정했을 경우 "프레임은 3개로 구성되며 각각 힌지로 연결되어 있고 이를 접었을 때 우산의 길이는 1/3로 줄어든다."라고 설명하고 이 원리를 이해할 만한 수준의 도면만 작성해도 무리가 없다. 즉, 산업용

도면처럼 실제 제품이 생산되기 위해 필요한 프레임의 길이나 직경 또 힌지의 구멍크기 이 구멍에 꼭 맞는 힌지 사이즈 등 구체적인 수치가 필요하지는 않다는 것이다.

저작권도 등록을
받아야 하는 걸까?

앞서 우리는 저작권의 분류에 대해 살펴봤다. 그렇다면 이러한 저작권의 권리는 언제 어디서부터 발생하게 되는 걸까? 저작권도 특허청에 등록을 받아야 되는 걸까? 아니면 저작권협회에 등록을 받아야 하는 걸까?

결론부터 말하면 저작권은 별도의 신청이나 등록과정이 필요하지 않다. 그냥 창작과 동시에 자동으로 발생하게 된다. 가령 오늘 내가 쓰고 있는 이 글은 작성 즉시 저작권이라는 이름으로 보호를 받게 된다. 때문에 저작물의 창작 일을 기점으로 저작권자의 동의 없이 이를 무단으로 사용하게 되면 저작권 침해가 된다. 하지만 이는 매우 원론적인 이야기이고 실제로 저작권 침해가 이루어졌다면 저작권자는 침해소송을 통해서 법적인 조치를 취하게 될 것이다. 이럴 경우 저작권자는 해당 저작물을 언제 본인이 창작한 것이라는 내용을 증명해야 되는데 여기서 필요한 곳이 바로 한국저작권위원회다.

내가 이러한 저작물을 0000년 00월 00일에 창작했음을 미리 확인받아 놓는 일종의 공증개념이라고 이해하면 된다. 때문에 해당 저작물을 한국저작권위원회에 미리 등록해놓게 되면 향후 발생할 수 있는 저작권 침해 소송 등에서 확실한 증거를 선점해 놓는 효과를 갖게 되는 것이다.

그렇다면 이러한 저작권의 권리기간은 얼마나 될까? 창작자가 살아있는 동안은 물론이고 저작권자 사망 후 70년(공동저작물의 경우 마지막 저작권자의 사망일을 기점으로 함)까지다. 실로 엄청난 기간을 보호해 주는데 노래 하나 대박이 나면 거의 3대가 먹고살 만한 수준이다. 대표적인 예로 크리스마스 시즌이 되면 어김없이 듣게 되는 노래 중 하나인 머라이어 캐리의 〈All I want for Christmas is you〉라는 곡의 경우 23년간 약 700억 원의 저작권 수입을 올린 것으로 알려져 있다.

요즘 많은 사람들이 유튜버에 도전하고 있다. 바로 이런 저작권이 가지는 권리와 보호기간 때문인데 알려진 바와 같이 유튜브는 일정 수준의 자격요건을 갖추면 영상을 제작한 유튜버에게 광고료를 지급한다. 그저 영상을 찍어서 올렸을 뿐인데 매월 돈까지 주니 참으로 신통방통한 곳이다. 유튜버들은 어떤 과정을 통해 유튜브라는 회사에서 돈을 받게 되는 걸까?

기업의 이미지 향상이나 제품의 홍보를 위한 광고는 다양한 매체를 통해 소비자에게 전달된다. 가장 전통적인 것이 텔레비전과 신문이고 그 외에도 잡지, 인터넷 포털 등 그 종류도 다양하다. 기업이 이들에게 많은 광고비를 지불하는 이유는 바로 그 매체를 보는 다수의 시청자나 구독자가 있기 때문이다. 유튜브 역시 마찬가지로 유튜브라는 매개체를 통해 광고가 소비자에게 전달된다는 점에서 기존의 매체들과 크게 다르지 않다. 다른 점이 있다면 사용자가 시청자인 동시에 영상에 대한 저작권을 가진 저작권자가 될 수 있다는 것이다.

유튜버는 다양한 볼거리와 정보를 담은 영상을 제작해 시청자들에게 제공하고 구독자를 확보해 나간다. 많은 구독자를 보유한 채널에 기업들은 광고를 내보내고 싶어 하고 그에 상응하는 비용을 유튜브라는 회사에 지불하게 된다. 이러한 광고 수입이 바로 유튜브의 주된 수입원이 되고, 이 광고 수입의 일부를 영상을 제작해 올린 유튜버들에게 저작권료의 형태로 지급하는 것이다. 때문에 영상 제작자는 구독자 수가 늘어날수록 광고 수입이 자연스레 증가하게 되고 이는 유튜버로 하여금 더 많은 양질의 영상을 만들어 업로드하게 하는 선순환의 구조가 만들어지게 되는 것이다. 이러한 합리적인 비즈니스 방식이 단기간에 유튜브가 급성장하게 된 배경이 되었다.

얼마 전 뉴스에 '보람튜브'라는 꼬마 유튜버가 서울 청담동에 95억의 빌딩을 매입해 화제가 된 사례가 있다. 보람튜브는 구독자 2,500

만 명 이상을 거느린 초대형 유튜브 채널이다. 정확한 액수는 공개되지 않았지만 한 달에 광고 수입료가 30억이 넘는 것으로 알려져 있다. 2013년도에 처음 시작해 10년도 안 된 짧은 시간에 엄청난 광고 수입을 올리는 하나의 기업이 된 것이다. 이러한 개인의 광고 수입이 모 방송사의 전체 광고 수입보다 많다고 하니 놀라지 않을 수 없다. 이처럼 세상은 우리가 생각하는 것보다 빠르게 변하고 있다. 과거에는 땀 흘려 일한 노동력만이 전부였던 시대였다면 앞으로는 지식재산권이 이를 빠르게 대체해 갈 것이다. 이것이 바로 우리가 지식재산권을 공부하고 알아야 하는 이유다.

일반인도 상표권으로
로열티 수입을 올릴 수 있다고?

상표권은 기업이 제품을 생산해 판매할 때 자사의 제품임을 표시함으로써 해당 기업의 이미지를 보호함과 동시에 소비자가 제품을 구매할 때 다른 제품과 혼동하는 것을 방지하기 위해 시작되었다. 때문에 과거 상표권은 기업의 전유물에 가까웠다. 하지만 세상이 변하면서 이제는 일반인도 상표권을 출원하고 이를 이용해 로열티 수입을 올릴 수 있는 시대가 되었다. 제품을 생산하거나 판매하지도 않는데 어떻게 상표권으로 돈을 벌 수 있다는 거지? 의아할 수 있지만 사실이다. 우선 상표권은 사업자뿐만 아니라 일반인도 출원 및 등록을 받을 수 있다는 사실을 알아두도록 하자.

유튜브나 아프리카TV 등 다양한 개인방송 매체가 발달하면서 이제는 개인이 곧 브랜드가 되는 시대가 되었다. '보람튜브', '헤이지니', '허팝', '흔한남매' 등 이름만 들어도 아는 유명 유튜버들의 인기는 이제 웬만한 연애인을 능가하고 있다. 그런데 이들이 유튜버이면서 동시에 상표권자라는 사실을 알고 있는가? 실제로 키프리스에서 검색해보면 어느 정도 이름이 알려진 유튜버들은 기본적으로 상표등록을 받아 놓은 상태다. 여기에는 두 가지 이유가 있는데 첫 번째는 본인의 채널 브랜드를 보호하기 위함이고, 두 번째는 이 브랜드를 이용해 로열티 수입을 올릴 수 있기 때문이다. 그렇다고 이들이 따로 사업을 하는 것은 아니다. 그냥 브랜드만 잘 키워나가면 된다. 대체 어떻게 로열티 수입을 올리게 되는지 한번 살펴보자.

양말 공장을 운영하는 A사는 요즘 고민이 많다. 아무리 좋은 제품을 만들어 시장에 내놓아도 이름이 없는 자사의 제품을 소비자가 찾지 않기 때문이다. 더군다나 가격이 저렴한 중국산 양말에 밀려 갈수록 경쟁력은 약해져만 간다. 그러던 어느날 유튜브를 시청하던 A사 대표는 이런 생각을 하게 되었다. 아이들에게 인기 있는 '흔한남매' 브랜드를 붙여 팔면 어떨까? 결과는 대성공이었고 그동안 팔리지 않던 A사의 양말은 없어서 못 팔 지경이 되었다. 아이들의 니즈를 정확히 파고든 것이다. 그렇다면 A사는 흔한남매라는 브랜드를 맘대로 사용할 수 있을까? 만약 상표등록이 되어 있지 않다면 문제가 되지 않겠지만 이미 상표등록이 돼 있다면 상표권자에게 허락을 받고 사용해야 된다. 한마디로 로열티를 내고 사용해야 된다는 것이다. 즉, 흔한남매는 양말을 직접 생산해 판매하지 않지만 본인들의 브랜드를 양말 공장에 대여해주고 로열티 수입을 올릴 수 있게 되는 것이다. 모자나 가방 등 다른 종류의 상품들에도 광범위하게 상표등록을 해 놓았다면 각 상품별로 이러한 로열티 수입을 올릴 수 있다.

마찬가지로 일반인 역시 이러한 형태의 로열티 수입을 올릴 수 있다. 상표권은 내가 고깃집 사업자등록을 하지 않더라도 고깃집과 관련된 상표를 등록 받을 수 있다. 좋은 이미지의 상표를 미리 등록 받아 놓는다면 훗날 이 상표를 사용하고자 하는 사람에게 일정 금액을 받고 팔 수도 있고 로열티를 받고 대여해줄 수도 있다. 이렇듯 과거 기업의 전유물이었던 상표권은 이제 일반인들도 쉽게 접근할 수 있고 이를 이용해 돈을 벌 수도 있는 핫 아이템이 되었다. 지식재산권 시대에 돈을 벌고 싶다면 상표권에 주목해보길 바란다. 잘 키운 브랜드 하나가 어마어마한 가치를 창출해낼 수 있을 것이다.

상표권 직접출원을 생각한다면
이것만은 알고 준비하자

상표권의 중요성이 알려지면서 그 출원율도 매년 증가하는 추세다. 특허와 마찬가지로 상표권 역시 변리사를 통해 출원할 수도 있고 특허청에서 제공하는 프로그램을 이용해 직접출원 할 수도 있다. 일반인의 경우 직접출원 방법이나 상표법 관련 지식이 부족하므로 변리사무소를 통해 대리출원 하는 경우가 대부분이다. 하지만 이러한 상표권도 최근 들어 직접출원을 통해 등록하는 경우가 점차 늘어나고 있어 일반인이 상표에 관련해 알아두면 좋은 기본지식을 살펴보도록 하겠다.

우선 상표법의 목적은 상표를 보호함으로써 상표사용자의 업무상 신용 유지를 도모하여 산업발전에 이바지하고 수요자의 이익을 보호함을 목적으로 한다. 즉, 사업자의 입장에서는 내가 만들어 판매하는 상품의 브랜드를 타사가 함부로 따라하지 못하게 하는 것이 목적이며, 소비자의 입장에서는 구입하고자 하는 상품을 타사 제품과 혼동하지 않고 구입할 수 있게 하는 것이 목적이라 할 수 있다. 이는 특허청에서 동일 또는 유사한 상표에 대해서 식별력을 이유로 상표등록을 허락하지 않는 것과 밀접한 관계가 있다.

상표의 이해를 위해서는 먼저 상호와 상표의 차이점을 구분할 필요가 있다. 상호는 상인이 영업에 관하여 자기를 표시하기 위하여 사용하는 명칭으로서 별다른 심사절차 없이 관할 세무서에 상호명을 신고를 하는 것으로 취득하게 된다. 반면 상표는 특허청에 상표출원서를 제출한 후 심사를 거쳐 등록요건에 문제가 없는 상표에 한해 등록결정을 받게 되며 이후 등록료를 납부해야 그 권리가 발생하게 된다. 이런 이유로 상호는 해당 지역에서만 효력이 있지만 등록상표는 전국적으로 독점권을 갖게 되는 차이가 있다. 또한 상호를 상표로 사용할 수도 있는데 사용하고자 하는 상호를 사용하고자 하는 상품이나 서비스를 지정상품으로 선택해 상표출원을 하게 되면 상호이면서 동시에 상표권으로서도 등록을 받을 수 있는 것이다. 이러한 상표를 상호상표라고 한다.

상표권은 크게 일반상표와 특수상표로 구분된다. 통상 우리가 출원하는 상표는 일반상표에 해당하며 이러한 일반상표는 다시 문자상표, 도형상표, 결합상표로 나눠지게 된다. 문자상표란 말 그대로 문자 자체를 상표로 등록받는 것이고, 도형상표는 특정 로고를 등록받는 것이며, 결합상표는 로고와 문자를 결합한 상표를 등록받는 것이다. 일반적으로 문자상표에 비해 도형이나 결합상표의 등록률이 상대적으로 높은 편이니 참고하면 좋다. 이러한 상표권의 평균 등록률은 약 70% 정도이며, 출원부터 등록까지는 대략 1년 정도의 기간이 소요된다. 또한 다른 산업재산권과는 다르게 상표권은 10년마다 갱신을 통해 영구적으로 사용이 가능하다는 특징을 가지고 있다.

튼튼이

40-1141915
문자상표

40-0868753
도형상표

40-0663243
문자도형결합상표

출처: 특허로

상표등록에 있어 가장 중요한 것은 식별력이 있는 표장(상표)과 지정상품과의 관계를 따지는 것이다. 식별력이란 자기의 상품과 타인의 상품을 구별하게 해주는 힘을 의미하며 나아가 특정인에게 독점적 권리를 부여하는 것이 공익상 적합한지 여부까지 포함하는 개념이다.

그렇다면 상표권 출원 시 주의해야 할 사항은 뭐가 있을까?

첫번째는 상표명 관련 부분으로 현저한 지리적 명칭이나 보통명사 또는 상품을 직관적으로 떠올리게 하는 고유명사 등은 식별력이 없으므로 지양하는 것이 좋다. 예를 들어 식당업의 경우 전국 어디서나 볼 수 있는 "전주식당"은 "전주"라는 현저한 지리적 명칭과 "식당"이라는 보통명사의 결합으로 식별력이 없는 상표에 해당해 상표를 등록받을 수 없다. 또한 "맛있는 빵", "신선한 우유" 등과 같이 상품의 성질을 나타내는 상표 역시 등록받을 수 없다. 그 이유는 이런 상표를 특정인에게 독점권을 주게 되면 소비자에게 혼돈을 야기할 수 있고 사용자의 입장에서는 누구나 사용하고 싶어하는 맛있는, 신선한과 같은 표현을 상표권자 외에는 사용할 수 없게 되기 때문이다. 이외에도 등록받을 수 없는 상표의 조건이 있는데 특허로 홈페이지에서 관련 내용을 찾아볼 수 있다.

두 번째는 지정상품에 관한 부분인데 상표를 등록받았다고 해서 모든 상품에 대해 독점권을 갖는 것은 아니다. 내가 지정한 상품들에 한해서 상표의 권리가 미치게 되는데 이렇게 상표를 사용할 상품들을 지정해주는 과정이 바로 지정상품 선정이다. 이러한 지정상품은 상품류를 정하는 것부터 시작한다. 상품류란 상품을 국제적으로 통용될 수 있도록 나눠 놓은 분류표로서 총 45류로 분류되는데 1~34류는 상품류, 35~45류는 서비스류로 구분되어 있다(부록 참고). 그

렇게 상품류를 선정한 후 해당 상품류에 포함되어 있는 각각의 상품
들을 지정해주면 된다.

세 번째로 상표권은 선행상표와 동일한 상표는 물론이고 유사한
발음이 나는 상표명 또한 심사에 영향을 미친다. 그러므로 선행상표
검색시 "뽀로로", "보로로", "뽀루루", "bbororo" 등 비슷한 발음이
나는 상표명까지 검색해보는 것이 좋다. 이러한 상표의 유사성 여부
는 선행상표의 저명성이나 지정상품의 유사성 등을 고려해 상표심
사 기준에 따라 판단하게 된다.

마지막으로 상표명은 지정상품과 함께 판단해야 한다. 그 이유는
동일한 상표명이라도 상품류가 다를 경우 등록이 될 수 있고(예외의
경우도 있음) 또 지정상품의 종류에 따라 식별력의 유무가 달라질 수
있기 때문이다.
예를 들어 우리가 잘 아는 "apple"이라는 상표는 사과를 뜻하는
단어이므로 과일 판매와 관련된 지정상품에서는 식별력이 없지만
사과와는 무관한 스마트폰이나 컴퓨터 등을 지정하는 경우에는 식
별력을 인정받아 상표등록을 받을 수도 있다.
사실 상표출원 과정 자체가 어렵지는 않다. 등록받고자 하는 상
표견본을 준비하고 관련 프로그램을 설치 후 원하는 지정상품을 선

택해 온라인으로 제출하면 된다. 때문에 출원 과정을 상세하게 안내해주는 자료를 참고해 진행한다면 일반인도 어렵지 않게 출원할 수 있다. 중요한 것은 상표 자체의 식별력과 선행상표와의 유사성, 그리고 적합한 지정상품을 선정하는 것이다. 이러한 이유로 관련 경험이 풍부한 전문가와 함께 진행하는 것이 가장 좋은 방법일 것이다. 하지만 출원비용을 절약할 수 있는 직접출원을 고려하고 있다면 앞서 설명한 내용을 참고해 식별력 있는 상표를 정하고 선행상표 검색 후 지정상품을 선택해 출원한다면 상표등록 가능성을 한층 높일 수 있을 것이다.

욕실 청소 중 떠오른 아이디어로 창업에 성공한 '리빙스텝' 정은경 대표

아이를 낳게 되면서 육아를 위해 사회생활을 그만두게 되는 여성을 일컬어 흔히 '경단녀'라 부른다. 이런 경우 다시 사회에 복귀하는 것이 쉽지만은 않은 것이 현실이지만 모두가 그런 것은 아니다. 10년간의 직장생활 후 경력단절을 뒤로한 채 발명을 통해 창업에 성공한 리빙스텝 정은경 대표가 바로 그런 경우다. 그녀는 어떤 과정을 거쳐 창업에 성공할 수 있었는지 그 노하우를 살펴보도록 하자.

정 대표가 발명과 인연을 맺기 시작한 계기는 특허청이 주최하고 한국여성발명협회가 주관하는 2015년 생활발명코리아 발명대회였다. 당시 '어린이 샴푸 의자 겸 발판'이라는이라는 발명품으로 미래창조과학부 장관상을 수상하게 되면서 본격적으로 창업을 구상하게 된다. 하지만 처음 만들어 본 시제품에서 찾아낸 단점을 개선하고 완제품을 개발하기까지 꼬박 1년이 넘는 시간이 지체되면서 결국 경쟁이 치열한 유아용품 시장에서 설자리를 잃게 되었고 아쉽지만 새로운 돌파구를 찾아야만 했다.

하지만 포기하지 않고 늘 발명을 할 소재가 없는지 꾸준히 생활 속 불편함을 찾던 어느 날 화장실과 베란다의 곰팡이를 청소하던 중 문득 이런 생각을 하게 된다. 꼭 이렇게 세제를 적신 휴지를 뭉쳐서 청소 부위에 올려놓거나 팔이 아플 정도로 빡빡 문질러야만 할까? 좀 더 쉽게 청소할 수 있는 방법이 없을까? 문제의 실마리를 찾기 위해 청소 과정을 유심히 살펴본 결과 실리콘 위에 올려둔 휴지는 얼마 지나지 않아 마르면서 곰팡이에 깊이 침투하지 못해 효과가 약하다는 점과 또 액체인 세제가 증발하는 과정에서 인체에 유해한 화학물질이 공기 중에 떠다닌다는 문제점을 발견하게 되었다.

곧바로 개선할 방법을 찾아 연구를 시작했고 그 결과 액상 세제를 적셔서 부착하는 것만으로 쉽게 곰팡이를 제거할 수 있는 청소용 매직시트라는 제품을 개발하게 되었다. 패치형 구조를 가진 매직시트는 방수포의 원리를 이용하여 수분이 증발하지 않고 장시간 머물게 함으로써 곰팡이와 같은 유해균 제거에 효율성을 높인 발명품이다. 정 대표는 이렇게 발명한 매직시트를 특허출원하고 동시에 '리빙스텝'이라는 사명으로 창업에 성공하게 된다.

매직시트는 2017년 세계여성발명대회에 출품하여 금상을 수상함과 동시에 터키 특허청장상을 수상하며 아이디어의 우수성을 인정받게 되었고 이를 계기로 사업은 청신호가 켜지게 된다.

그렇게 종잣돈 1천만 원으로 시작한 리빙스텝은 창업 첫해인 2016년에는 연구개발로 매출이 거의 없었으나 2017년 5천2백만 원을 시작으로 2018년 1억8천만 원, 2019년 2억5천만 원의 매출을 올리며 급성하게 하게 되었고, 현재는 연매출 5억 원을 목표로 하는 어엿한 중소기업으로서 모습을 갖춰 나가고 있다.

이렇듯 평범한 주부였던 정 대표가 1인 창조기업으로 성장할 수 있었던 배경에는 스타트업을 위한 다양한 정부지원 프로그램들이 있었다.

먼저 창업 초기에는 서울시 여성창업보육센터 여성벤처협회의 도움으로 사무실을 임대할 수 있었고 또 창업진흥원에서는 아이디어 시제품 개발부터 마케팅, 유통, 수출지원 등의 다양한 혜택을 받을 수 있었다. 특히 제조업체라 MD(상품기획자)와 스타트업의 매칭이 절실한 상황에서 창업진흥원에서 연결해준 유통지원 프로그램을 통해 판매 채널을 늘릴 기회를 얻을 수 있었고 그 결과 필리핀에 간접수출을 할 수 있는 결실을 맺게 되었다.

한국여성벤처협회는 여성 1인 창조기업과 3개월 이내 창업이 가능한 예비 창업자를 대상으로 입주비용 일부 지원과 여성특화교육 및 여성벤처 CEO 멘토링 등 네트워킹, 선택형 사업비 지원(특허출원, 전시회, 홈페이지 제작 등), 선도벤처연계 창업지원 사업 등 창업 및 R&D 정부과제 연계, 한국여성벤처협회 회원 혜택(법률, 회계 등 전문서비스 할인, 판로 개척) 등의 다양한 지원을 제공하고 있다. 창업을 꿈꾸는 예비 발명가들에게 정 대표는 다음과 같은 조언을 해주었다.

> "좋은 아이디어가 있고, 이것을 사업화하고자 하는 의지와 열정을 갖고 있다면 도움은 여러 기관에서 받을 수 있어요. 저 같은 경우 한국여성발명협회가 시작이었고, 한국여성경제인협회와 한국여성 벤처협회에 정회원으로 가입하면서 다양한 지원 사업에 참여할 수 있었어요. 여성발명기업인과의 네트워크를 구축해 몇몇 기업과는 협업을 하기도 했습니다. 끝으로 초기 자금력이 부족한 스타트업 의 경우 정부 기관에서 주체하는 전시회를 적극 활용할 것을 추천 드려요. 비용도 적게 들 뿐만 아니라 제품의 가격이나 형태 등에 대한 소비자의 반응을 바로 파악할 수 있는 장점이 있기 때문입니다."

정은경 대표의 도전은 여기서 멈추지 않는다. 발명가로서 특유의 관찰력을 발휘해 욕실에서 샤워한 후에 머리카락을 쉽게 청소할 수는 없는지, 음식물 쓰레기를 버릴 때 손에 묻지 않고 버리는 방법은 없는지 등 다양한 아이디어를 찾아 생각하고 메모

하며 또 다른 제품개발에 몰두하고 있다.

현재는 매직시트와 스탠딩 지퍼팩만을 판매하고 있지만, 앞으로는 다양한 아이디어를 현실화한 제품을 선보이며 주부들이 꼭 필요로 하는 간편 생활용품 전문기업으로 성장하고 싶다는 포부를 밝히기도 했다. 정은경 대표의 성공 사례를 보며 늘 긍정적이고 적극적인 그녀만의 사고방식이 지금의 리빙스텝을 있게 한 원동력이 아니었나 생각해본다.

우연한 실수에서 대박난 발명 이야기

타이어의 어머니
합성고무를 발명한 찰스 굿이어

일반적으로 고무나무의 수액을 모아서 만드는 천연고무는 냄새가 많이 나고 날이 더우면 녹아버리는 성질이 있었으며 탄력성 고분자로 이루어져 있어 힘을 가해 잡아 늘리면 늘어나고 힘을 멈추면 본래 상태로 돌아가는 성질 때문에 실제 생활에 이용하기에 불편한 점이 많았다. 이러한 천연고무의 단점을 개선해 오늘날의 합성고무를 발명한 사람은 1800년 12월 미국 북동부에서 태어난 찰스 굿이어라는 발명가이다.

집안이 가난해 제대로 된 공부를 못했던 굿이어는 20대 초 필라델피아에서 건축자재상을 하던 중 신축성 있는 검, 즉 천연고무에 대한 이야기를 듣게 되며 고무와의 인연을 맺게 된다. 하지만 의지와는 다르게 연구는 별다른 성과가 없었고, 거듭되는 실패와 가난 속에서도 '고무에 미친 인간'이라고 불리면서 고무 연구에 집념을 불태운다.

그러던 1839년 어느 날 난로 위에 황을 끓이다가 실수로 그 위에 고무 덩어리를 떨어뜨리고 만다. 그런데 놀랍게도 고무는 녹지 않고 약간 그슬리기만 했다. 여기서 힌트를 얻은 굿이어는 고무에 황을 섞어서 적당한 온도와 시간으로 가열하면 고무의 성능을 크게 높일 수 있다는 사실을 알게 된다. 훗날 과학계에서는 난로에 떨어뜨린 이날의 사고를 역사상 가장 축복받은 사고라고 표현하기도 했다.

이를 계기로 관련 연구에 몰두한 그는 오늘날과 같은 고무 가공방법인 '가황법'을 확립하면서 합성고무를 발명하게 되었고, 황과 열이 더해지면 분자결합이 변하면서 탄성이 더욱 강해지게 되는 원리로 1844년 특허를 받게 된다.

이러한 굿이어의 고무가황법은 중공업뿐 아니라 일상생활에서도 많이 사용되었는데, 굿이어와 함께 고무개발에 관심을 기울이던 친구는 프랑스로 건너가 고무회사를 차려 큰 돈을 벌게 되지만 불행히도 원 발명가인 굿이어는 살아생전 고무가황법 특허로 큰 부를 누리지는 못했다.

훗날 그의 아들인 찰스 굿이어 주니어에 의해 합성고무 타이어
가 세계 최초로 만들어지게 되었지만 그 역시 많은 돈을 벌지는
못했다고 한다. 지금의 세계적인 타이어 브랜드 굿이어는 미국의
사업가 프랭크 세이버링이 찰스 굿이어의 업적을 기려 탄생한 브
랜드다.

참고자료: [과학을 읽다] 아시아경제 김종화 기자

당장은 몰라도 되지만
특허 낼 때 알아두면 유용한 정보

chapter 4

특허출원을 생각한다면 이것만 알고 갈까?

발명가의 비밀노트

발명은 어떤 과정을 거쳐

특허가 되는 걸까?

1. **특허출원** - 특허명세서를 작성해 특허청에 서류를 접수하는 과정

2. **방식심사** - 서류 작성(형식)에 문제가 없는지 심사하는 과정

3. **실체심사** - 특허의 요건을 갖춘 발명인지 실제 내용을 심사하는 과정

4. **중간사건** - 특허 거절사유 통보 시 문제를 개선하고 해결해가는 과정

5. **특허등록** - 심사결과에 따라 특허가 등록 또는 거절되는 과정

발명은 어떤 과정을 거쳐 특허가 되는 걸까?

발명을 완성하고 특허출원을 결정하게 되면 본인 또는 대리인을 통해 특허청에 서류를 제출하게 된다. 특허청에 접수된 특허출원서와 명세서는 먼저 방식심사라는 과정을 거치게 되는데 이는 발명의 실체적인 내용을 보는 것이 아니라 특허출원서나 명세서의 필수구성항목 중 미비한 부분이 없는지를 심사하는 것이다. 예를 들어 첨부해야 할 도면이 첨부되지 않았거나 발명자의 이름이 기재되지 않았을 경우 방식심사에서 거절될 수 있다. 여기서 거절 사유가 발견되면 심사관은 출원인에게 보정을 요구하는 통지서를 발송하게 된다. 한편 문제없이 방식심사를 통과했거나 심사관이 제기한 문제를 적절히 해소한 특허명세서는 등록유무와 관계없이 출원일을 기점으로 1년 6개월 후 공개하게 되는데 이때 공개되는 공보를 '공개특허공보'라고 한다.

한 가지 주의할 점은 특허출원을 했다고 해서 모든 심사가 자동으로 연결돼 시행되는 것은 아니다. 방식심사 다음으로 실체심사를 받기 위해서는 심사청구라는 것을 별도로 해줘야 하는데 출원과 동시에 신청하는 것이 일반적이지만 필요에 따라 출원일을 기점으로 3년 이내에 신청해도 무관하다. 이렇게 심사청구를 한 출원서는 일정 기간의 대기를 거쳐 발명의 실제 내용을 심사하는 실체심사를 받게 된다.

실체심사란 출원한 발명이 특허성을 갖추고 있는지를 심사하는 과정으로 우리가 일반적으로 알고 있는 진짜 심사과정이라고 이해하면 된다. 이러한 전체적인 심사 기간은 빠르면 1년에서 늦으면 2년 이상의 기간이 소요된다. 실체심사에서 특허성을 인정받아 통과한 경우 심사관은 등록결정을 내리게 된다. 이후 출원인이 특허 등록료와 1~3년간의 연차료를 납부하게 되면 설정등록을 통해 비로소 독점권이라는 법적 효력이 발생한다. 이렇게 특허등록이 된 후 공개되는 공보를 '등록특허공보'라고 한다.

만약 실체심사 과정에서 거절 사유가 발생하게 되면 심사관은 거절 사유를 구체적으로 명시한 의견제출통지서를 출원인에게 발송하게 된다. 이렇게 출원에서부터 등록과정 중 생기는 문제들을 통칭해 '중간사건'이라고 한다. 여기서 심사관이 제기한 거절 사유가 적절히 해소되면 특허는 등록결정을 받게 되고, 해소되지 못했다면 거절결정을 받게 되는 것이다.

일반적으로 거절사유에 대한 출원인의 대응방법으로는 문제가 되는 청구항을 삭제하거나 독립항과 종속항을 병합해 권리 범위를 축소시키는 방법 등이 있다. 만약 특허가 최종 거절결정을 받았으나 이에 불복할 경우 출원인은 재심사청구나 거절결정불복심판을 청구할 수 있다. 하지만 이럴 경우 출원인에게는 비용적인 문제가 가중되므로 대부분의 개인 발명가들은 의견서와 보정서 단계에서 등록과 거절이 결정된다고 보면 된다.

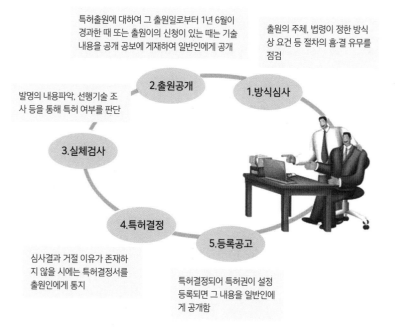

특허출원에 대하여 그 출원일로부터 1년 6월이 경과한 때 또는 출원이의 신청이 있는 때는 기술 내용을 공개 공보에 게재하여 일반인에게 공개

출원의 주체, 법령이 정한 방식 상 요건 등 절차의 흠·결 유무를 점검

2. 출원공개

1. 방식심사

발명의 내용파악, 선행기술 조사 등을 통해 특허 여부를 판단

3. 실체검사

4. 특허결정

5. 등록공고

심사결과 거절 이유가 존재하지 않을 시에는 특허결정서를 출원인에게 통지

특허결정되어 특허권이 설정 등록되면 그 내용을 일반인에게 공개함

자료출처: 특허청

상기 과정을 변리사를 통해 대리출원을 하는 경우에는 명세서 작성부터 도면, 특허출원서 제출 등 모든 과정을 위임받은 변리사가 대신해 주므로 출원인이 해야 될 일은 크게 줄어든다. 또한 중간사건 발생 시에도 전문가인 변리사가 적절한 의견서와 보정서를 작성해 대응하게 되므로 특허 등록률이 직접출원에 비해 현저히 높은 것이 사실이다. 하지만 잊지 말아야 할 것은 해당 발명의 주체는 변리사가 아닌 발명가 본인임을 명심해야 한다. 때문에 특허명세서의 내용을 검토하고 작성된 내용으로 출원할 것인지 또 심사청구를 할 것인지 여부 등 중요한 결정은 출원인이 직접 결정해야 한다. 이를 위해서는 최소한 작성된 명세서 초안을 받아보고 본인이 의도한 대로 작성이 잘 되었는지 또 청구항의 권리범위는 적절한지 여부를 스스로 판단할 수 있는 역량을 갖추는 것이 중요하다.

발명이 특허를 받기 위해
반드시 갖춰야 할 3가지

발명은 발명이지만 모든 발명이 다 특허를 받을 수 있는 것은 아니다. 발명이 특허를 받기 위해서는 3가지의 요건을 충족해야 하는데 산업상 이용가능성, 신규성, 진보성이 그것이다.

첫 번째, 산업상 이용가능성은 말 그대로 내 발명이 산업에 이용될 수 있는 발명이어야 한다는 것이다. 이는 현재뿐 아니라 미래에 이용될 가능성이 있는 발명까지 포함되는 의미다. 하지만 우리가 일상생활에서 불편함을 느껴 생각해낸 대부분의 아이디어는 산업상 이용이 가능하므로 해당 사유를 근거로 특허가 거절되는 경우는 극히 드물다.

두 번째로 신규성이란 내 발명이 이전에 존재하지 않았던 새로운 것이어야 한다. 이러한 신규성의 범위는 국내뿐 아니라 국외까지 포함되며 현재뿐 아니라 과거까지도 포함된다. 또 특허에만 국한되지 않고 공지된 모든 정보가 그 대상이 된다. 여기서 공지된 정보란 불특정 다수가 알 수 있는 매체들 즉 인터넷, 책, 간행물, 논문 등을 말한다. 그렇기 때문에 발명을 시작하는 단계에서 이런 정보들을 면밀히 살펴봐야 하는데 이러한 과정을 선행기술조사라고 한다. 이러한 조사의 범주는 신규성과 진보성에 동일하게 적용된다.

또한 본인의 발명이라 할지라도 특허출원 전 공개가 돼버리면 신규성 상실에 해당돼 특허의 거절사유가 될 수 있으므로 출원일 전 발명의 내용이 공개되지 않도록 각별히 주의해야 한다. 만약 실수로 공개가 되었다면 특허출원 시 공지예외주장이라는 제도를 통해 구제 받을 수 있는 수단이 있으니 참고하도록 하자. 단, 공개시점이 출원일 기준 1년을 경과하지 않았어야 하며 본인에 의해 공지되었음을 증명할 수 있는 서류를 첨부해야 한다.

세 번째 진보성이란 기존에 나와 동일한 발명은 존재하지 않지만 공지된 기술들을 조합해 통상의 기술자가 쉽게 발명할 수 있는 수준의 발명을 말한다. 여기서 통상의 기술자란 해당 분야에서 일하고 있는 사람으로 평균적 수준을 가진 기술자를 뜻한다. 앞서 설명한 두 가지는 사실 특허 거절사유에서 많은 비중을 차지하지는 않는다. 가장 문제가 되는 것이 바로 진보성 흠결이다. 다시 말해 진보성은 발명의 고도성을 말하는 것으로 기존의 기술들을 조합하더라도 일반적 수준에서 쉽게 고안해내기 힘든 구성의 곤란성을 지녀야 한다는 것이다.

예를 들어 내가 발명한 발명품이 미국에 사는 스미스라는 사람이 15년 전 발명한 특정 부분과 일본에 사는 나카무라라는 사람이 10년 전 발명한 특정 부분 그리고 대한민국의 김한국이라는 사람이 5년 전 발명한 특정 부분의 3가지를 조합해 통상의 기술자가 쉽게 발명할 수 있다,라고 특허 심사관이 판단한다면 진보성 흠결이라는 이유로 특허를 거절할 수 있다는 것이다. 물론 발명가는 억울할 것이다. 미국의 스미스도 일본의 나카무라도 모르고 이들의 발명품을 미리 참고한 것도 아닌데 이런 이유로 거절 결정을 받았으니 말이다. 하지만 특허는 발명가가 그 내용을 참고했느냐 안 했느냐가 기준이 되는 것이 아니고 특허출원 전 그와 관련된 기술이 존재하고 있었느냐 아니냐를 기준으로 한다.

이러한 이유로 인해 특허를 등록받는 과정에서는 대부분 "~이유로 특허를 등록 받을 수 없습니다"라고 명시된 의견제출통지서라는 것을 받게 된다. 처음 받아보게 되면 "등록 받을 수 없습니다."라는 단어만 보고 좌절할지 모르지만, 사실 원천발명이 아닌 이상 특허를 받는 과정에서 겪게 되는 지극히 일반적인 과정이라 볼 수 있다. 이러한 경우 심사관이 지적하는 거절사유를 적절히 해소한다면 특허를 등록 받을 수 있는 기회는 충분히 남아 있으므로 미리부터 좌절할 필요는 없다.

지금까지 설명한 내용을 간단히 정리하면 다음과 같다. 특허를 받기 위한 발명은 산업상 이용가능성, 신규성, 진보성의 3가지 요소를 갖춰야 한다. 특허 등록률을 높이기 위해서는 사전에 선행기술조사를 가능한 철저히 해야 한다. 만약 어떤 이유로 인해 의견제출통지서를 받게 되더라도 향후 이를 극복할 수 있는 과정이 충분히 남아 있으므로 너무 좌절할 필요는 없다.

발명은 그 자체가 창조이고 인류 역사상 지금까지 존재하지 않았던 새로운 것을 만들어내는 행위이다. 이러한 과정들이 생각처럼 쉽지 않을 수도 있지만 누구나 쉽게 받을 수 없는 특허이기에 내 발명이 엄격한 심사를 거쳐 최종적으로 등록결정을 받았을 때의 기쁨과 성취감은 우리가 생각하는 그 이상이 된다.

특허를 내려면 비용은
얼마나 필요할까?

특허출원비용은 크게 관납료와 변리비용으로 나눌 수 있다.

첫 번째, 관납료란 특허 심사를 받기 위해 특허청에 내는 행정적인 비용을 말한다. 이는 전자출원과 서면출원으로 나눠지는데 기본료의 경우 전자출원은 46,000원, 서면출원은 66,000원으로 서면출원이 조금 더 비싼 편이다. 때문에 비용적으로나 편의상으로도 대부분 전자출원을 선호하는 편이다. 여기에 출원과 함께 심사청구를 했을 경우 기본료 143,000과 청구항 1항당 44,000원씩 가산된다. 예를 들어 20쪽 내외의 본문과 6개의 청구항으로 구성된 특허명세서를 작성해 특허를 출원할 경우 대략 50만 원 내외의 비용이 청구된다고 보면 된다.

생각보다 적은 금액은 아니기에 개인 발명가의 경우 부담이 될 수 있지만 다행히 이 비용을 전부 부담하는 것은 아니다. 발명을 장려하는 대한민국 특허청에서는 사회적 약자를 대상으로 다양한 형태의 감면 혜택을 주고 있기 때문이다. 우선 학생(초,중,고)의 경우 100% 감면 혜택이 주어진다. 또 학생이 아니더라도 만 19세~30세 이하는 85%가 감면되고, 그 외 일반 개인 발명가의 경우 70%가 감면된다. 예를 들어 관납료가 50만 원이 청구되었을 경우 최종적으로 지불하게 되는 금액은 학생(초,중,고)의 경우 무료이고, 19세~30세 이하는 75,000원, 개인 발명가의 경우에는 150,000원이 된다. 한 가지 주의할 점은 이러한 감면 혜택을 받기 위해서는 발명자와 출원인이 동일해야 하며 증명서류를 첨부해야 한다. 이렇듯 대리출원을 하지 않고 발명자가 직접출원을 하는 경우에는 상기의 금액만으로도 특허출원과 심사청구를 할 수 있다.

두 번째, 변리비용이란 특허출원에 필요한 각종 서류작성이나 행정적 절차의 도움을 받기 위해 변리사를 대리인으로 선임하는 비용을 말한다. 이는 특허출원에 있어 필수적인 요소는 아니지만 일반인의 경우 특허명세서 작성 등에 어려움이 있으므로 비용이 다소 들더라도 전문가의 도움을 받는 것이 특허의 질적인 부분이나 등록률 면에서 효율적이다. 이러한 변리비용은 일괄적으로 정해진 금액은 없으며 발명의 내용이나 종류에 따라 특허 사무소마다 차이를 보일 수 있다. 아래 내용은 나의 경험을 토대로 설명하는 것이므로 참고만

하기 바란다.

2015년 특허출원 당시 착수금이 150만 원 정도였고 특허가 최종 등록되었을 경우 성공보수료가 착수금과 동일 금액이었다. 또 중간 사건 발생 시 거절 사유에 대해 의견서와 보정서를 작성해서 대응하게 되는데 여기에 드는 비용이 30만 원 내외로 청구된다. 이를 토대로 산출해보면 특허출원부터 최종등록까지 소요되는 총 금액은 대략 300~350만 원 정도로 생각하면 큰 무리가 없을 것이다.

조금 더 상세한 절차를 살펴보자면 발명자가 해당 사무소에서 상담 후 특허출원을 진행하기로 결정하면 먼저 계약서를 작성하게 된다. 이때 변리사는 출원인의 발명 내용에 대해 비밀유지를 하겠다는 비밀유지 서약서와 출원인의 권리를 대리인에게 위임하겠다는 위임서도 함께 작성하게 된다. 이후 출원인이 착수금을 입금하게 되면 변리사는 의뢰인이 설명한 아이디어 내용을 기초로 명세서 초안을 작성해(대략 2~4주 소요) 출원인에게 보내준다. 명세서 초안을 받은 출원인은 작성된 내용을 검토한 후 변리사와 의견을 나누게 되고, 필요 시 수정 과정을 거쳐 최종 명세서를 완성하게 된다. 끝으로 출원인의 출원지시에 따라 변리사는 특허청에 해당 서류를 접수하는 것으로 특허출원 절차는 마무리된다.

참고로 출원인이 변리사 사무소를 선택할 때 대형로펌이 좋을지 개인사무소가 좋을지 궁금할 수 있는데 각자의 장·단점이 있을 수 있다. 대형 로펌의 경우 각자의 전문분야를 갖춘 다수의 변리사와 변호사, 명세사 등 각 분야의 전문 인력을 자체적으로 갖추고 있으므로 그만큼 업무가 세분화되고 전문화되어 있다. 때문에 특정 분야의 발명일 경우 해당 분야의 전문지식을 갖춘 변리사의 지식을 더해 명세서를 작성하게 되므로 기술적으로 미약한 부분을 향상시켜 발명의 완성도를 높일 수 있다는 장점을 가지고 있다.

그렇다고 반드시 로펌만이 좋다고 말할 수는 없는 것이 대형 로펌의 경우 대부분 대기업 등이 주요 고객이다 보니 아무래도 업무의 초점이 여기에 맞춰져 있을 수 있다. 매년 고액연봉 전문직의 상위에 포진하는 변리사의 경우 단순히 특허출원만을 업으로 하지는 않는다. 사실 그보다 대기업 등의 특허침해소송을 통해 고수익을 올리는 경우가 많은 것으로 알려져 있다.

결론적으로 가장 좋은 선택은 특허사무소의 외형적 크기보다 출원인의 발명을 잘 이해하고 그 의도에 맞게 성심껏 명세서를 작성해 줄 수 있는 변리사를 만나는 것이라 할 수 있다. 만약 의뢰를 원하는 변리사의 명세서 작성 스타일이 궁금할 경우 특허검색포털 '키프리스'에서 해당 변리사의 이름으로 검색을 해보면 그동안 출원한 특허 전문을 어렵지 않게 찾아볼 수 있으니 이를 참고해서 결정하는 것도 좋은 방법이 될 수 있다.

원천특허? 마케팅 특허?
특허에도 종류가 있다

특허라고 모두 똑같은 특허일까? 원천적으로 분류되어 있는 것은 아니지만 적어도 그 목적이나 활용하는 방법에 따라 몇 가지로 나누어 볼 수 있다.

1. 원천특허

원천특허란 기존에 존재하지 않았던 새로운 분야를 개척한 발명으로 특허를 받은 경우를 말한다. 이러한 개척발명을 통해 획득한 원천특허는 매우 넓은 권리범위를 가지게 되지만 그만큼 등록받기가 쉽지 않다. 원천특허를 이용한 개량발명의 경우 본인의 발명을 실시하기 위해서는 원천특허를 반드시 거쳐야 하는데 이럴 경우 특허권자의 허락이 있어야 가능하다. 때문에 개량발명자 입장에서는 이러한 원천특허를 처음부터 무력화시키기 위해 노력하게 된다. 관련 선행기술을 찾아 해당 특허의 원천무효를 주장하게 되므로 등록

후에도 무효심판 등에 휘말리는 일이 많다. 이렇게 제기한 무효심판 청구가 인용되면 그 특허는 아예 처음부터 없었던 것이 된다.

2. 표준특허

표준특허란 국제표준화기구(ISO), 국제전기통신연합(ITU), 국제전기기술위원회(IEC) 등의 표준화 기구에서 제정한 표준기술규격에 해당하는 특허를 말한다. 어떠한 표준기술을 구체적으로 실시하는 과정에서 침해하지 않고는 구현할 수 없다는 의미에서 필수특허라고도 한다. 다시 말해 국제적으로 정해진 기준에 맞춰 제품을 만들기 위해 반드시 쓸 수밖에 없는 특허를 말한다. 이러한 표준특허가 가지는 장점으로는 특허침해 시 입증이 간편하다는 점과 회피설계가 사실상 불가능하다는 점, 또 안정적인 로열티 수입이 가능하다는 점을 들 수 있다. 하지만 이런 독보적인 혜택을 누리는 대신 사용자는 프랜드 원칙을 준수해야 한다.

프랜드 원칙이란 공정하고, 합리적이며, 비차별적인 특허권 행사를 하겠다는 업계의 약속으로서 표준특허를 보유한 기업은 타 기업을 상대로 차별을 하지 않아야 한다. 또한 특허권의 독점적 위치를 이용하여 함부로 타사에 부여한 실시권을 중지할 수 없고 로열티 역시 최소의 금액으로 책정해 기술이용의 진입장벽을 낮춰야 한다. 하지만 그에 상응할 만큼 경제적 가치가 높고 특허분쟁의 위험성이 낮아 고부가가치를 창출할 수 있으며 기업의 이미지 향상과 가치 상승까지 노릴 수 있어 기업들은 표준특허를 획득하기 위해 많은 노력을 하고 있다.

3. 마케팅을 목적으로 한 특허

마케팅 특허란 특허의 권리 범위가 매우 좁아 그 권리를 행사함에 있어서는 큰 힘을 발휘하지는 못하지만 특허등록으로 인한 홍보 효과를 목적으로 한 특허를 말한다. 권리 범위가 좁기 때문에 회피 설계가 용이해 유사제품을 막는 데는 제한적이다. 그럼에도 불구하고 특허를 받는 이유는 특허 자체가 상품을 홍보하는 데 있어 큰 힘을 발휘하기 때문이다. 일반적으로 사람들은 특허를 받았다고 하면 그 제품에 대해 뭔가 특별하게 느끼는 심리를 가지고 있는데 이러한 사람들의 심리를 이용한 것을 특허 마케팅이라고 한다.

4. 방어를 목적으로 한 특허

방어목적의 특허는 특허권의 권리 행사가 주목적이 아닌 기술적 방어를 목적으로 한 특허를 말한다. 예를 들어 기업이 어떠한 제품을 개발하는 과정에서 특허로서의 가치는 크게 없는 기술이지만 경쟁기업에서 이와 관련된 특허를 등록받아 권리행사를 할 경우 전반적인 사업과정에 차질을 빚을 소지가 있다면 미리 해당 기술을 특허출원해 공개하는 것이다. 이렇게 되면 특허의 등록 여부와는 관계없이 적어도 이러한 기술을 특징으로 한 특허는 다른 기업에서도 가질 수 없게 된다. 결과적으로 경쟁기업으로부터 의도적인 특허침해 소송을 당해 사업에 차질이 생기는 문제를 미연에 방지할 수 있는 효과를 가지게 되는 것이다.

그 외 대부분의 특허는 원천특허와 마케팅 특허 중간 정도의 권리 범위를 가지는 보통의 특허에 해당한다. 내가 개발한 발명품의 일정 부분의 권리를 주장함으로써 이와 관련된 최소한의 독점권을 확보해 안정적인 사업을 진행할 목적을 가진다. 이러한 보통의 특허들은 회피 설계를 통한 유사제품을 방어하는 데는 한계가 있을지 모르지만 적어도 모조품에 대한 최소한 방어 능력은 지니면서 동시에 제품의 홍보에도 활용이 가능하다.

발명설명서는
어떻게 작성해야 하는 거지?

발명설명서란 발명대회 출품을 목적으로 하거나 발명의 내용을 변리사에게 설명하기 위해 작성하는 문서를 말한다. 발명대회의 경우 이를 기반으로 입상 여부를 가리기도 하고 또 특허출원을 하는 경우 변리사에게 발명의 내용을 설명하기 위한 기초자료로 활용되기도 한다. 이러한 발명설명서는 제공되는 양식에 따라 조금씩 다를 수 있지만 일반적으로 다음과 같은 내용을 기초로 작성하면 된다.

1. 발명의 명칭
2. 발명의 목적이나 동기
3. 발명의 내용 및 특징
4. 발명의 효과
5. 도면

먼저 발명의 명칭은 해당 발명의 내용을 가장 잘 표현할 수 있는 단어들로 작성하면 된다.

몇 가지 주의할 점을 알아보자.

첫 번째, "최첨단의", "편리한", "좋은" 이런 형용사적 단어의 사용은 지양하는 것이 좋다. 그것이 왜 최첨단인지, 왜 편리한지를 뒷받침할 수 없기 때문에 사실적인 내용만으로 작성하도록 한다.

두 번째, 발명의 목적이나 동기는 어떠한 상황에서 불편함을 느꼈고 이 불편함을 개선하기 위해 지금의 발명품을 구상하게 되었다는 형식으로 작성하면 된다.

세 번째, 발명의 내용 및 특징은 발명품의 형태나 구동 방법을 기술하면 되는데 일반적으로 발명품의 외형, 각 부분의 기능, 연결 방법, 연결된 부분의 작동과정 등을 그림 그리듯 설명하면 된다. 이를 좀더 효과적으로 설명하기 위해서는 도면에 설명이 필요한 부분마다 임의로 번호를 표시해 놓고 이를 바탕으로 설명해 나가면 좀 더 이해하기 쉽게 작성할 수 있다.

네 번째, 발명의 효과는 무엇을 함에 있어 어떠한 점이 불편했는데 본 발명으로 인해 기존의 불편한 점을 개선함으로써 어떠한 효과를 가져올 수 있다는 형식으로 작성하면 된다. 이해를 돕기 위해 간단한 작성 예제를 살펴보도록 하자.

작성하고자 하는 발명의 내용

칫솔 손잡이 끝부분에 거울이 달려 있어 필요 시 구강 내부를 살펴볼 수 있는 칫솔.

1. 발명의 명칭
'거울이 달린 칫솔'
'반사경을 구비한 칫솔'
'구강내측 점검용 거울칫솔'

2. 발명의 목적이나 동기
충치가 생겨서 치과에 갔는데 치과의사가 구강 내부를 살펴보기 위해 거울이 달린 반사경으로 입안을 관찰하는 것을 보고 평소에도 치아의 충치 여부를 스스로 살펴볼 수 있으면 좋겠다는 생각이 들어서 본 발명을 구상하게 되었다.

3. 발명의 내용 및 특징

상기 발명은 긴 막대 형태로서 한쪽 끝에는 칫솔이 구비되어 있고 다른 한쪽 끝에는 거울을 구비하고 있다. 칫솔은 양치질을 하는데 사용할 수 있으며, 다른 한쪽의 반사경은 구강 내부를 관찰하는 용도로 사용할 수 있다.

4. 발명의 효과

구강 내부의 충치 여부를 알기 위해서는 매번 치과를 가야 했으나, 일상적으로 사용하는 칫솔의 끝부분에 거울을 부착함으로써 수시로 구강 내부 관찰이 가능해져 치과 질환을 조기에 발견할 수 있는 효과를 가진다.

이러한 발명설명서를 작성할 때는 처음부터 너무 형식에 얽매이기보다는 먼저 자유롭게 생각을 표현해본 뒤 작성한 내용을 바탕으로 양식에 맞춰 수정해 나간다면 보다 쉽고 자연스럽게 작성할 수 있다.

선행기술조사는
어떻게 하는 걸까?

앞서 선행기술조사의 중요성에 대해 설명했다. 이러한 선행기술 조사는 발명의 내용을 어떻게 요약하고 어떤 키워드를 추출해서 어떻게 확장해 적용하느냐에 따라 그 결과가 달라진다. 이런 이유로 관련 노하우가 부족한 일반인의 경우 변리사 수준의 완성도 높은 선행기술조사를 한다는 것은 쉽지 않은 일이다. 때문에 여기서는 예제를 통해 선행기술조사의 큰 흐름을 이해하고 기본적인 검색 방법을 익히는 것을 목표로 하겠다. 특허청에서 제공하는 특허검색포털인 '키프리스'를 이용한 검색방법은 일반적으로 다음과 같은 순서로 진행된다.

1. 발명의 요점을 2~3줄로 요약해본다.

ex) 본 발명은 안경에 김서림 방지가 가능한 마스크에 관한 것이다.

2. 핵심 키워드를 추출한다.

ex) 안경, 김서림, 마스크.

3. 핵심 키워드와 관련된 단어들을 확장한다.

ex) 안경-고글, 김서림-습기, 마스크-mask.

4. 키워드들을 연산자를 이용해 검색식을 작성한다.

ex) (안경*김서림*마스크)

5. 확장 키워드나 연산자를 바꿔가며 원하는 정보를 추출한다.

ex) (안경＋고글)*(김서림＋습기)*(마스크＋mask)

☞ 검색식의 해석: ① 안경이나 고글이라는 단어가 들어간 자료와 ② 김서림이나 습기라는 단어가 들어간 자료와 ③ 마스크나 mask라는 단어가 들어간 자료를 각각 찾은 뒤 ①②③이 함께 포함되어 있는 자료들만 추출해서 검색할 것.

상기 검색식을 예로 검색한 결과 다음과 같이 총114건의 관련 선행기술이 검색되었다.

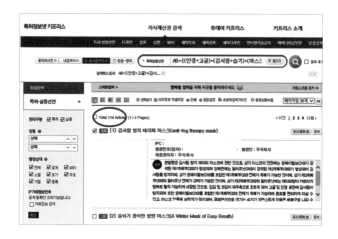

자료출처: 키프리스

우선, 해당 발명을 요약해본다. "본 발명은 무엇에 관한 것으로서 어떠한 방법을 통해 구현된다." 정도로 너무 길지 않게 작성하는 것이 좋다.

다음으로 요약된 문장에서 핵심 키워드를 추출한다. 핵심 키워드란, 이 발명을 설명하는 데 있어서 빼놓을 수 없는 필수구성요소나 기술적 주제어를 말한다. 보통 3~5개 정도의 핵심 키워드가 적당하며 이렇게 추출된 핵심 키워드는 이후 확장단계를 거치게 된다.

키워드를 확장한다는 의미는 해당 키워드의 외래어나 유사어, 동의어, 변화형 등의 다양한 단어를 말한다.

키워드를 확장하는 이유는 특허명세서 작성 시 사용되는 단어의 경우 출원인이나 대리인의 성향에 따라 다양한 방법으로 표현되기 때문이다. 또한 기술조사 시 노출을 회피하기 위해 고의적으로 맞춤법이 틀린 단어를 사용하는 경우도 있으므로 가급적 다양한 키워드를 확장해보는 것이 좋다. 여기까지 진행되었다면 연산자를 이용해 검색식을 작성하게 된다. 연산자란, 특허 검색을 원활하게 할 수 있는 일종의 도구이며 효율적으로 사용하게 되면 찾고자 하는 정보에 보다 쉽고 빠르게 접근할 수 있다.

《 검색 연산자 설명 》　　　　　　더 많은 검색팁은 검색도움말을 이용하세요.

연산자 종류	*	+	!	()	IPC=[]
연산자 명령	AND	OR	NOT	우선연산	IPC 필드검색

• A*B : A와 B 모두 포함 문서를 찾습니다.
• A+B : A와 B 중 하나라도 포함 문서를 찾습니다.
• !A : A를 포함하지 않는 문서를 찾습니다.
• A*(B+C) : ()안의 B+C를 먼저 연산합니다. A를 포함하고, B와 C 중 하나를 포함하는 문서를 찾습니다.
• IPC=[A41] : A41로 시작하는 IPC 코드값을 가진 문서를 찾습니다.

자료출처: 키프리스

완성된 검색식을 이용해 검색할 때는 "키프리스 홈페이지 - 특허/실용신안 - 스마트검색 - 요약" 루트를 통해 검색하는 것을 추천한다. 이 방법을 권하는 이유는 동일한 검색식이라도 자유검색란에 검색하게 되면 해당 키워드를 특허명세서 전문에서 검색하기 때문에 다른 종류의 물품을 포함해 경우에 따라서는 수만 건의 검색결과가 나올 수도 있기 때문이다.

반면 '요약'란은 해당발명을 설명하기 위한 핵심단어만 넣어 설명한 항목이므로 보다 효율적인 검색이 가능하고 그만큼 시간을 단축할 수 있다. 만약 검색결과가 너무 많아 줄이고 싶다면 키워드를 and로 추가하거나 IPC분류를 한정하거나 또는 not 연산자를 활용해 검색결과 수를 줄여볼 수 있다. 일반적으로 검색결과가 100개 내외로 나오면 성공적으로 검색한 것이므로 이때부터는 개별적으로 접근해 요약 부분이나 대표도면을 살펴보며 유사성이 있는 특허를 살펴보면 된다.

심사에서 거절되는 특허는
80%가 이것 때문이라고?

앞서 특허의 3요소 중 심사에서 흔히 문제가 되는 것이 진보성이라고 설명했다. 실제로 특허심사에서 거절되는 특허의 80% 이상이 바로 진보성 흠결의 이유로 거절되는 것으로 알려져 있다. 그렇다면 진보성이 없는 발명이란 어떤 것을 말하는 걸까? 이는 신규성은 갖추고 있으나 기존에 알려져 있는 기술들을 조합했을 때 통상의 기술자가 쉽게 발명 가능한 수준의 발명을 말한다. (단, 공지기술 여부는 국제주의나 통상의 기술자의 수준을 결정함에 있어서는 국내의 기술 수준만을 고려한다.)

쉬운 이해를 위해 한 가지 예를 들어 보자. 아래 도면은 내가 몇 년 전 특허 출원한 발명품으로 결국 진보성 흠결로 거절 결정을 받았다. 먼저 발명의 내용을 간략히 살펴보자.

"본 발명은 실내에서 사용하는 빨래 건조대로서 사용자가 앞쪽에서 빨래를 널고 뒤쪽에 널기 위해 몸을 건조대 안쪽까지 구부려야 하는 불편함을 개선하기 위한 것이다. 본 발명에 의하면 사용자는 앞쪽에서 빨래를 널고 난 후 바퀴가 달린 이동부재를 뒤쪽으로 밀게 되고 후면에 있던 빈 이동부재를 앞쪽으로 이동시켜 빨래를 널 수 있게 한 건조대이다. 때문에 사용자는 몸을 건조대 안쪽까지 구부리지 않고서도 편리하게 빨래를 널 수 있는 효과를 가지게 된다."

건조장치 사시도 및 이동부재 부품도

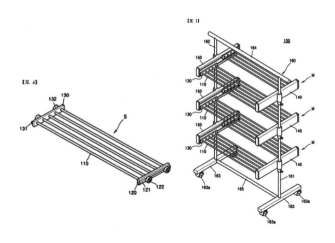

특허출원번호: 10-2016-0031647

그렇다면 이 발명이 진보성 흠결로 거절된 이유는 뭘까? 바로 아래 보이는 3가지의 선행기술이 이미 존재한다는 것이 그 이유였다.

심사관이 심사를 위해 비교하는 기술을 인용발명이라고 하는데 이 3가지 선행기술의 일부분들을 조합하면 통상의 기술자가 쉽게 발명할 수 있다라고 판단한 것이다. 이것이 바로 진보성 흠결이다.

인용발명

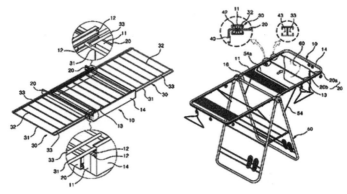

자료출처: 키프리스

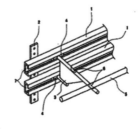

1. 비교대상발명
　가. 비교대상발명 1: 등록실용신안공보 제20-0471008호(2014.01.29.)
　나. 비교대상발명 2: 공개특허공보 제10-2013-0060395호(2013.06.10.)
　다. 비교대상발명 3: 일본 등록실용신안공보 실용신안등록 제 3121955호(2006.06.01.)
　라. 비교대상발명 4: 공개특허공보 제10-2014-0095372호(2014.08.01.)

출처: 키프리스

도면을 비교해보면 진보성 흠결을 쉽게 판단할 수 있겠는가? 그런 것 같기도 하고 아닌 것 같기도 할 것이다. 사실 진보성 흠결이라는 것이 약간의 모호성을 가지고 있다. 즉, 의도하지 않더라도 심사관의 주관적인 판단이 들어가기 때문에 같은 발명에 대해서도 각기 다른 결정을 내릴 수도 있는 것이다.

이러한 경우 출원인은 의견서와 보정서로 대응해볼 수 있다. 의견서는 심사관의 거절 이유에 대해 출원인의 의견을 제시하는 것이다. 거절 이유가 합당하다 또는 합당하지 않으니 다시 판단해 달라 하는 것이고, 보정서는 심사관 결정에 동의한다는 전제하에 이에 대응하는 청구항을 작성해 거절 사유를 극복하고자 제출하는 서류를 말한다.

특허의 모든 정보
'특허 공보' 살펴보기

특허공개공보는 특허 출원일을 기점으로 1년 6개월 후 공개되는 공개특허공보와 심사과정을 거쳐 등록된 등록특허공보로 나눌 수 있다. 이러한 공개공보는 우리가 선행기술조사를 위해 특허를 검색할 때 마주하게 되는 자료이기도 하다. 복잡해 보이지만 하나씩 살펴보면 생각보다 어렵지 않다. 어떻게 구성되어 있는지 하나씩 살펴보도록 하자.

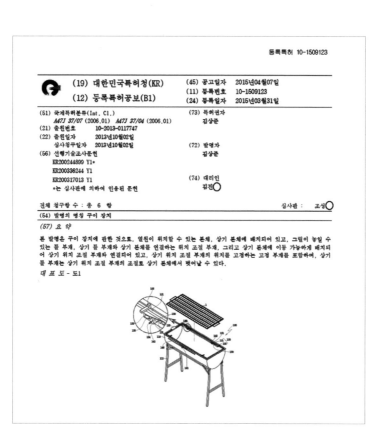

등록특허 10-1509123

(19) 대한민국특허청(KR)	(45) 공고일자	2015년04월07일
(12) 등록특허공보(B1)	(11) 등록번호	10-1509123
	(24) 등록일자	2015년03월31일

(51) 국제특허분류(Int. Cl.)
　　A47J 37/07 (2006.01)　*A47J 37/04* (2006.01)
(21) 출원번호　10-2013-0117747
(22) 출원일자　2013년10월02일
　　심사청구일자　2013년10월02일
(56) 선행기술조사문헌
　　KR200244899 Y1*
　　KR200336244 Y1
　　KR200317013 Y1
　　*는 심사관에 의하여 인용된 문헌

(73) 특허권자
　　김상준

(72) 발명자
　　김상준

(74) 대리인
　　김진〇

전체 청구항 수 : 총 6 항　　　　　　　　　　　　　심사관 :　조성〇

(54) 발명의 명칭 구이 장치

(57) 요 약

본 발명은 구이 장치에 관한 것으로, 일련이 위치할 수 있는 본체, 상기 본체에 배치되어 있고, 그릴이 놓일 수 있는 틀 부재, 상기 틀 부재와 상기 본체를 연결하는 위치 조절 부재, 그리고 상기 본체에 이동 가능하게 배치되어 상기 위치 조절 부재와 연결되어 있고, 상기 위치 조절 부재의 위치를 고정하는 고정 부재를 포함하며, 상기 틀 부재는 상기 위치 조절 부재의 조절로 상기 본체에서 벗어날 수 있다.

대 표 도 - 도1

출처: 키프리스

1. **(19) 대한민국특허청(KR)**: (19)는 서지사항을 식별하기 위해 국제적으로 통용되고 있는 INID코드를 의미한다. 대한민국특허청은 출원국가의 특허청으로 (KR)은 대한민국 국가코드를 뜻한다.

2. 등록특허공보(B1): 공보의 종류를 나타내는 것으로 (B1)은 등록 특허공보를 의미한다.

3. 공고일자: 심사를 거쳐 등록된 등록특허공보를 일반에 공고한 일자를 뜻한다.

4. 등록번호: 특허등록 시 부여되는 번호로 산업재산권의 종류와 일련번호로 구성된다.

5. 등록일자: 특허가 등록된 일자로서 설정 등록일을 기점으로 특허의 독점권이 부여된다.

6. 국제특허분류 (Int. Cl.): 국제특허분류의 식별약어로 특허조사에 유용하게 사용된다.

7. 출원번호: 특허출원 시 부여되는 번호로 산업재산권의 종류와 출원년도, 일련번호로 구성된다.

8. 출원일자: 해당 발명의 특허출원서를 특허청에 제출한 일자를 나타낸다.

9. 선행기술조사문헌: 특허를 심사하기 위해 참고한 선행기술조사 문헌으로서 오른쪽에 *표시는 3가지의 선행기술문헌 중 심사관이 KR200244899 Y1이라는 문헌을 인용해서 심사했음을 의미한다.

10. 특허권자: 해당 특허의 실질적 권리를 가진 사람을 나타낸다.

11. 발명자: 해당 특허를 실제로 발명한 사람을 나타낸다.

12. 대리인: 발명자에게 권리를 위임받아 관련서류 작성과 행정 절차를 대리한 변리사의 이름이 표시된다.

13. 전체 청구항 수: 특허에 기재된 청구항의 수를 나타낸다.

14. 심사관: 해당 특허를 심사한 담당 심사관의 성명이 표시된다.

15. 발명의 명칭: 특허출원한 발명의 명칭을 나타낸다.

16. 요약: 특허출원한 발명의 요점을 설명하는 항목으로 논문의 초록 부분에 해당한다.

17. 대표도: 특허명세서에 첨부된 도면들 중 발명의 내용을 가장 잘 나타내는 도면을 대표로 표시한다.

발명의 설계도 특허명세서는
어떻게 구성되어 있을까?

특허명세서란 특허청구하는 내용을 공개하고, 이를 보호받고자 하는 내용을 기재한 문서를 말한다. 발명의 명칭을 시작으로, 발명의 상세한 설명, 특허청구범위, 도면 등으로 구성되어 있다. 이러한 특허명세서는 발명의 내용에 따라 적게는 10쪽에서 많게는 30~40쪽 이상의 적지 않은 분량을 가지므로 처음 보게 되면 내용 파악하는 것이 생각보다 쉽지 않다. 하지만 특허명세서에 작성된 내용을 어느 정도는 출원인이 파악할 수 있어야 초안 검토가 가능하므로 그 구성요소와 항목별 의의를 알아둘 필요가 있다.

특허명세서 예시

발명의 설명

[발명의 명칭]

이동식 링거대 'MOVABLE HANGER FOR LINGER'S SOLUTION CONTAINER'

[발명의 배경이 되는 기술]

종래의 이동식 링거대(10)는 대체적으로 도 1에 도시된 바와 같이 다수의 바퀴(23)를 지지하는 바퀴 프레임(20), 바퀴 프레임(20)에 수직으로 기립한 수직 지지 스탠드(30), 수직 지지 스탠드(30)의 중간에 설치되어 환자가 링거대를 밀고 이동할 때 파지하게 되는 손잡이를 구비한 손잡이 프레임(40) 및 수직 지지 스탠드(30)의 상단에 설치되어 링거 용기를 걸게 되어 있는 링거 용기 걸이대(50)를 포함하고 있다.

이하 생략~

[발명의 내용]

[해결하고자 하는 과제]

본 발명은 상술한 종래의 이동식 링거대의 문제점들을 해소하여, 환자가 밀고 다닐 때 환자의 걸음을 자유롭게 해주는 구조를 제공하고, 예기치 않은 턱이나 엘리베이터 틈새와 같은 장애물과 조우했을 때에도 이들을 간단하게 극복할 수 있게 해주는 수단을 제공하며, 또한 링거 호스, 소변팩이나 체액팩 및 기타 물품을 걸거나 수납하게 해주는 수단들을 제공하는 개선된 이동식 링거대를 제공하는 것을 목적으로 한다.

【과제의 해결 수단】

상기 과제를 해결하기 위한 본 발명의 하나의 양태에 있어서, 다수의 바퀴를 지지하는 바퀴 프레임, 바퀴 프레임에 수직으로 기립한 수직 지지 스탠드, 수직 지지 스탠드의 중간에 설치되어 환자가 링거대를 밀고 이동할 때 파지하게 되는 손잡이를 구비한 손잡이 프레임 및 수직 지지 스탠드의 상단에 설치되어 링거 용기를 걸게 되어 있는 링거 용기 걸이대를 포함하는 이동식 링거대에 있어서, 상기 바퀴 프레임은 프레임 전방부, 양 프레임 측방부 및 상기 양 프레임 측방부를 연결하고 중간에 수직 지지 스탠드 결합부가 설치되는 횡단 빔으로 구조되고, 환자가 상기 이동식 링거대를 밀고 이동할 때 환자의 발이 진입할 수 있도록 후방측이 개방된 사다리꼴 형상으로 되어 있는 것을 특징으로 하는 이동식 링거대가 제공된다.

이하 생략~

【발명을 실시하기 위한 구체적인 내용】

이하 첨부도면을 참조하여 본 발명의 바람직한 실시 예를 상세히 설명한다. 도 2는 본 발명에 따른 실시 예의 이동식 링거대(100)를 전체적으로 도시하고 있으며, 도 3은 도 2의 이동식 링거대(100)의 바퀴 프레임(120) 부분을 보다 자세히 도시하고 있다. 도 2 및 도 3에서 볼 수 있는 바와 같이, 이동식 링거대(100)는 다수의 바퀴(123)를 지지하는 바퀴 프레임(120), 바퀴 프레임(120)에 수직으로 기립한 수직 지지 스탠드(130), 수직 지지 스탠드(130)의 중간에 설치되어 환자가 링거대를 밀고 이동할 때 파지하게 되는 손잡이를 구비한 손잡이 프레임(140) 및 수직 지지 스탠드(130)의 상단에 설치되어 링거 용기를 걸게 되어 있는 링거 용기 걸이대(150)를 포함한다.

이하 생략~

【청구항 1】

다수의 바퀴(123)를 지지하는 바퀴 프레임(120), 바퀴 프레임(120)에 수직
으로 기립한 수직 지지 스탠드(130), 수직 지지 스탠드(130)의 중간에 설치
되어 환자가 링거대를 밀고 이동할 때 파지하게 되는 손잡이를 구비한 손
잡이 프레임(140) 및 수직 지지 스탠드(130)의 상단에 설치되어 링거 용기
를 걸게 되어 있는 링거 용기 걸이대(150)를 포함하는 이동식 링거대(100)
에 있다.

상기 바퀴 프레임(120)은 프레임 전방부(122), 양 프레임 측방부(124, 124)
및 상기 양 프레임 측방부(124, 124)를 연결하고 중간에 수직 지지 스탠드
결합부(128)가 설치되는 횡단 빔(126)으로 구조되고, 환자가 상기 이동식
링거대(100)를 밀고 이동할 때 환자의 발이 진입할 수 있도록 후방측이 개
방된 사다리꼴 형상으로 되어 있는 것을 특징으로 하는 이동식 링거대.

【청구항 2】

제 1 항에 있어서, 상기 횡단 빔(126)은 X자형 또는 一자형으로 되어 있는
것을 특징으로 하는 이동식 링거대.

【요약서】

【요약】

본 발명의 이동식 링거대(100)의 바퀴 프레임(120)은 프레임 전방부(122),
양 프레임 측방부(124, 124) 및 상기 양 프레임 측방부(124, 124)를 연결하

고 중간에 수직 지지 스탠드 결합부(128)가 설치되는 횡단 빔(126)으로 구조되고, 환자가 상기 이동식 링거대(100)를 밀고 이동할 때 환자의 발이 진입할 수 있도록 후방측이 개방된 사다리꼴 형상으로 되어 있다.

이하 생략~

【대표도】

도 2

1. 배경기술 : 발명의 이해, 조사 및 심사에 유용하다고 생각되는 종래의 기술을 명시하는 항목으로 "종래에는 ○ ○ ○것들이 있었으나 이것은 ○ ○ ○안 되어 ○ ○ ○하는 것이 필요하고, 또 ○ ○ ○문제점이 있었다"는 형식으로 기술된다.

2. 해결하고자 하는 과제 : 특허를 받고자 하는 발명이 기존에 가지고 있던 문제점을 기술하는 항목으로 "본 발명은 상기와 같은 문제점을 해결하기 위한 것으로 ○ ○ ○하는 것에 의해서 ○ ○ ○하는 장치를 제공하는 것을 목적으로 한다"는 형식으로 기술된다.

3. 과제의 해결 수단 : 특허를 받고자 하는 발명이 어떠한 수단을

통해 해당 과제가 해결되었는지를 기재하는 항목이다. 일반적으로 청구항에 기재된 발명이 해결수단이기 때문에 특허 청구범위의 청구항에 기재된 발명을 기술하게 된다. "본 발명은 ○○○하기 위하여 ○○○를 ○○○하고, ○○○하여 ○○○하는 것을 특징으로 한다"는 형식으로 기술된다.

4. 발명의 실시를 위한 구체적인 내용 : 발명이 속하는 기술 분야에서 통상의 지식을 가진 자가 그 발명이 어떻게 실시되는지를 쉽게 파악할 수 있도록 구체적인 내용을 기재하는 항목으로 "본 발명을 첨부된 도면을 참조하여 상세히 설명하면 다음과 같다"로 시작한다.

5. 청구항 : 해당 발명품의 실질적인 권리를 작성하는 항목으로서 명세서에서 가장 중요한 항목이다. 즉, 해당 특허의 법적인 권리는 오직 청구항에 기재된 내용만을 토대로 보호받을 수 있다.

6. 요약서 : 요약서는 명세서가 기술정보로서 쉽게 활용될 수 있도록 하기 위하여 발명을 요약 정리하는 항목으로서 발명 내용이 쉽게 이해될 수 있도록 10줄 이상 20줄 이내로 간결하게 발명을 요약 기재한다.

특허의 핵심 '청구범위' 이게 왜 중요한 거야?

특허에서 청구항은 해당 특허의 노른자위라 말할 수 있다. 즉, 이 청구항에 기재되지 않은 발명 내용은 발명을 실시하기 위한 구체적인 내용이나 도면 등 다른 항목에 상세히 기술되어 있더라도 법적인 보호를 받을 수 없다. 이러한 이유로 특허에 있어 청구항을 이해하는 것은 무척이나 중요한데, 일반적으로 특허의 청구항은 기재된 각각의 항이 하나의 발명에 해당한다고 볼 수 있다.

예를 들어 특허에 6개의 청구항이 기재되어 있다면 이는 6개의 발명을 한 것이고 각각의 항마다 독립적인 권리를 가지게 되는 것이다. 때문에 심사청구 시에도 각각의 항마다 심사비용이 추가로 발생하게 되며 특허의 권리를 유지하기 위한 연차비용 역시 청구항별로 비용이 추가된다. 또 특허의 침해소송이나 권리를 포기하는 과정에서도 청구항 전체를 대상으로 할 수도 있고 각 항별로 분리해서 진행할 수도 있다.

이러한 청구항은 독립항과 종속항으로 구분할 수 있는데 독립항이란 발명 내용을 청구함에 있어 기본 골격이 되는 항을 말하고 종속항은 독립항을 인용해 청구하는 항을 말한다.

나무로 비유하자면 독립항은 줄기에 해당하고 종속항은 가지에 해당한다고 볼 수 있다. 청구항은 통상 독립항 1개에 다수의 종속항만 있는 경우가 일반적이지만 발명이 복합성을 띨 경우 다수의 독립항과 그에 종속하는 종속항이 존재하기도 한다. 그 작성 형태를 살펴보면 다음과 같다.

독립항

~에 있어서, ~인 A와 ~인 B와 ~인 C 및 ~인 D를 포함하는 ○○○○

종속항 1

1항에 있어서, 상기 A는 ~인 것을 특징으로 하는 ○○○

종속항 2

1항에 있어서, 상기 B는 ~인 것을 특징으로 하는 ○○○

위에서 살펴보듯 종속항의 특징은 독립항을 인용해 "1항에 있어서"로 시작되는 걸 볼 수 있다. 기본 골격을 잡아 놓고 부가적인 부분들을 따로 분리시켜 청구항을 만드는 것이다.

그런데 심사청구비와 연차료 등이 추가로 발생하는 데도 불구하고 왜 이렇게 복잡하게 독립항과 종속항을 분리시켜서 청구항을 작성하는 걸까? 그 이유는 바로 '구성요소 완비의 법칙' 때문이다. 특허의 청구항은 한 항에 구성요소가 많을수록 권리 범위가 좁아지는 특징을 가지고 있다. 예를 들어 한 개의 항에 A+B+C+D의 구성요소가 존재한다고 가정한다면 이 4개의 구성을 모두 실시했을 경우에만 특허침해로 인정되는데 이를 구성요소 완비의 법칙이라고 한다.

예) 제1항에 A+B+C+D의 구성요소를 가진 청구항이 있을 경우,

A+B+C만 실시해도 특허침해 아님.

A+B+D만 실시해도 특허침해 아님.

A+B만 실시해도 특허침해 아님.

A+B+C+D+E는 제1항의 구성요소를 모두 포함하고 있으므로 특허침해.

그런데 만약 같은 내용을 다음과 같은 청구항으로 만든다면
어떻게 될까?

1항 A+B
2항 C
3항 D

A+B만 실시해도 제1항의 특허침해.

C만 실시해도 제2항의 특허침해.

D만 실시해도 제3항의 특허침해.

A+B+C+D를 모두 실시하면 제1항, 제2항, 제3항 특허
침해.

즉, 똑같은 내용이라도 청구항을 어떻게 구성하느냐에 따라서
특허침해 경우의 수가 달라진다. 따라서 독립항은 발명을 실시하기
위한 최소한의 요소로 기본 골격을 갖춘 후 나머지 구성을 종속항
으로 만드는 것이 특허의 권리 범위를 넓게 만드는 방법이 되는 것
이다.

이러한 청구항은 작성 시 사용되는 단어나 구성 자체가 특허의

권리 범위와 직결되기 때문에 강한 권리를 가진 청구항을 작성하기 위해서는 각각의 권리관계를 잘 따질 수 있는 노하우가 필요하다. 또한 청구항의 구성은 추후에 진보성 흠결 등의 문제로 거절 결정을 받았을 경우 이를 극복하는 과정에서 중요한 요소로 작용하므로 사전에 이를 충분히 고려해서 작성하는 것이 중요하다. 그렇기 때문에 제대로 된 좋은 특허를 받기 위해서는 비용이 다소 들더라도 경험이 많은 변리사와 함께하는 것이 좋다.

한 번쯤은 만나게 되는 특허의 골키퍼
'의견제출통지서'

　의견제출통지서란 특허심사과정에서 거절사유 발생 시 심사관이 출원인에게 "이러이러한 이유로 인해 특허를 등록받을 수 없습니다"라고 통보해 주는 문서를 말한다. 내용을 살펴보면 간단한 서지사항과 함께 거절사유에 해당하는 구체적인 이유와 인용된 비교발명을 첨부해준다. 의견제출통지서는 신규성이나 진보성 흠결이 명확해 극복하기 힘든 경우도 있지만 대부분은 특허를 거절시키기 위한 목적보다 출원인이 주장하는 권리 범위가 너무 넓은 경우 이를 조율하기 위한 목적을 가진다. 때문에 특허를 등록받는 과정에서 대부분의 출원인이 한 번쯤은 거치게 되는 필수 과정이라 생각해도 무방하다. 오히려 의견제출통지서를 받지 않고 한 번에 통과되는 특허는 그 권리 범위가 매우 협소한 경우이거나 또는 선행기술이 거의 존재하는 않는 원천발명의 경우에 해당하는데 대부분은 전자에 해당한다.

심사관으로부터 의견제출통지서를 받게 되면 거절 사유를 면밀히 분석하고 이에 대응하는 의견서와 보정서를 작성해 제출하게 된다. 의견서란 심사관이 지적하는 거절 사유에 대해 출원인의 의견을 어필하는 것으로 다음과 같다.

"본원 발명의 ○○○은 목적 및 구성이 인용발명과 다르고, 효과 또한 인용발명에서 예측되지 못한 특유의 효과가 있다고 사료됩니다. 따라서 본원 발명은 당해 분야의 통상의 지식을 가진 자라 하더라도 인용발명들에 의하여 쉽게 발명할 수 있는 발명이 아니므로 특허를 등록하여 주시기 바랍니다."

이와 같은 형식으로 작성하는 것이 일반적이다. 또 보정서는 심사관이 지적하는 거절 사유에 대해 보정을 한 서류로서 지적하는 해당 항을 삭제하거나 또는 종속항을 삭제하고 이를 독립항에 병합하는 방식으로 권리 범위를 한정시켜 대응하게 된다. 통상적으로 출원인은 특허출원 시 넓은 권리범위를 확보하기 위해 청구항을 광범위하게 작성하게 되는데 이는 잘못된 것이 아니고 넓은 권리를 주장하기 위한 통상적인 행위라 볼 수 있다.

예를 들어 "제1항 대한민국, 제2항 강원도, 제3항 강릉시"라고 청구항을 작성했을 경우 이 청구항의 권리 범위는 사실 경기도에 있든지 전라도에 있든지 모두 제1항을 침해하는 경우에 해당하게 된다. 때문에 심사관은 이미 춘천시라는 선행기술이 존재하는 경우 제1항과 제2항을 거절 사유로 지적하는 것이고, 이에 출원인은 제2항과 제3항을 삭제하고 이에 대응하는 보정 내용으로 "제1항 대한민국 강원도 강릉시"로 한정시키는 보정항을 작성해 제출하는 것이다. 그렇게 되면 출원인의 권리는 최초 대한민국에서 강릉시로 한정되게 되므로 그 권리 범위가 좁아지게 된다. 이러한 보정서를 받은 심사관은 출원인이 제출한 보정된 권리에 특별한 문제가 없다면 특허등록을 결정하게 된다.

단, 주의할 점은 이러한 보정서 작성 시 최초 출원된 명세서의 내용에 한정된 내용만으로 보정할 수 있다. 이를 '보정제한주의'라 하는데, 만약 출원한 명세서에 없던 새로운 내용이 추가되었을 경우 특허는 보정각하결정을 받아 거절될 수 있으니 주의해야 한다.

생활발명코리아 대통령상이 빛나는 '오니해' 나예선 대표

발명을 통해 인생을 역전한 사례로 '오니해' 나예선 대표 이야기를 빼놓을 수 없다. 올해로 결혼 12년차이자 두 아이 엄마인 그녀는 어떻게 억대 연봉 CEO가 되었을까?

대부분의 가정이 그러하듯 아침 식사를 준비하고 늦잠 자는 아이들을 깨워 학교를 보내는 일로 시작하는 주부의 하루는 집안 청소와 빨래, 저녁식사 준비 등 쉴 틈이 없다. 그렇게 하루 이틀이 지날수록 집안 한구석에서 차곡차곡 쌓여가는 것이 있으니 바로 재활용 쓰레기다. 버린 지 얼마 안 된 것 같은데 어느새 가득 차 있는 재활용 쓰레기들. 어쩌다 무거운 병이라도 잔뜩 들어 있는 날이면 분리수거장까지 들고 내려갈 생각에 한숨부터 나온다.

나예선 대표 역시 매일같이 반복되는 가사일에 지쳐가던 평범한 주부였다. 평소와 마찬가지로 쓰레기 분리수거를 하던 나 대표는 문득 이런 생각을 하게 된다. 분리수거 할 재활용품을 좀 더 편하게 버릴 수 있는 방법이 없을까? 그렇게 생활 속 불편함을 느끼던 중 우연히 눈에 띈 여행용 캐리어 가방은 나 대표의 인생의 전환점을 가져오게 된다.

재활용 분리수거함을 여행용 캐리어 가방처럼 만들어 보면 어떨까? 버릴 때마다 무겁게 들고 내려갈 필요 없이 바퀴에 끌고 내려가면 좋을 것 같은데? 이렇게 아이디어를 떠올린 나 대표는 본격적으로 발명을 구상하게 된다. 분리수거함에 바퀴를 달고 손잡이와 연결시키는 것을 기본으로 더 개선할 부분은 없는지 연구를 거듭한 끝에 분리수거함 바구니를 개별적으로 분리할 수 있도록 개조해 항목별로 분류된 재활용품을 쉽게 버릴 수 있는 지금의 분리수거 핸드캐리어 발명품을 만들게 되었다.

하지만 평범한 주부였던 나 대표에게 있어 특허와 사업은 너무 먼 나라 얘기만 같았다. 그러던 중 우연히 특허청과 한국여성발명협회가 공동으로 주관하는 '생활발명코리아'라는 발명대회가 눈에 띄었고, 2015년도 해당 발명대회에 본인이 구상한 아이디어를 출품하게 된다. 그렇게 1차 예선과 2차 면접을 거쳐 최종 심사결과 분리수거 핸드캐리어 오니해(오늘은 니가 해)는 본 대회 최고상인 대통령상을 거머쥐며 부상으로 상금 1,000만 원까지 받는 영예를 안게 되었다.

생활발명코리아는 여성들의 생활 속 아이디어를 발굴하고 지식재산으로 만들어 창업을 할 수 있도록 돕기 위해 2014년 처음 개최를 시작한 발명대회로 지금까지 수많은 여성발명가들을 배출하고 있다. 매년 20여 건의 출품작을 지원 대상으로 선정하고 있으며 선정된 아이디어에는 특허출원비용과 디자인 개발 또 시제품 제작비용 및 전문가 멘토링까지 지원함으로써 기술적 지식이 부족한 주부들도 생활 속에서 찾은 아이디어를 발명품으로 완성하고 특허출원까지 할 수 있도록 전방위의 지원을 아끼지 않는다.

이렇듯 타 발명대회에서 찾아보기 힘든 다양한 지원프로그램은 평범한 주부들도 발명가의 꿈을 이룰 수 있는 밑바탕이 되었다. 더불어 전국발명대회 특성상 자연스럽게 홍보효과까지 내게 되면서 사업화까지 이어질 수 있는 일석이조의 효과도 누릴 수 있기에 이를 활용해 발명과 창업에 도전하는 여성들이 매년 증가하고 있다.

그렇게 생활발명코리아 대통령상 수상으로 자신감은 얻은 나예선 대표는 해당 발명품을 실용신안으로 출원하고 창업지원 프로그램의 도움을 받아 '오니해'라는 사명으로 창업에 성공하게 된다. 또 창업 후 사업수완을 발휘해 홈쇼핑에 런칭하며 제품을 알리게 되었고, 현재까지 시장에서 좋은 반응을 이어 나가고 있다. 여기서 그치지 않고 꾸준히 신제품을 개발하며 주부가 필요로 하는 생활전문기업으로 성장해 나가고 있다.

우연히 녹은 초코릿으로
전자레인지를 발명한 퍼시 스펜서

오늘날 생활필수품인 전자레인지를 발명한 사람은 1894년 미국 메인주 하울랜드에서 태어난 퍼시 스펜서다. 스펜서는 일찍 부모와 이별하고 숙모의 손에 자라게 되지만 어려운 가정환경으로 인해 결국 12살에 초등학교를 중퇴하며 생활전선에 뛰어들게 된다. 변변한 교육을 받지 못했던 퍼시 스펜서는 철공소를 첫 직장으로 일하던 중 미국의 군수기업 레이시온의 보조공원으로 입사하게 된다. 손재주가 남달랐던 그는 입사한 지 20년이 지난 후에는 회사에서 인정받는 기술자가 되어 꿈에 그리던 전자관을 직접 만드는 수준까지 올라오게 된다.

당시 레이시온사는 마그네트론을 이용한 레이더 장비 개발에 한창이었는데 마그네트론은 가속시킨 전자의 에너지를 이용해 전자기파를 만들어내는 진공관의 일종으로 레이더 장비는 안테나를 통해 전자기파를 내보내고 반사되어 되돌아온 전자기파를 측정해 거리를 계산해 내는데 성공한다. 바로 이 마그네트론이 전자기파를 만드는 데 중요한 역할을 하는 장치였다.

그러던 1945년 어느날 자석 옆에서 휴식을 취하던 스펜서는 주머니 속에 넣어두었던 초콜릿바를 먹으려고 꺼냈다가 초콜릿바가 다 녹아 있는 것을 발견하게 된다.

날씨도 춥지 않은 상황에 초코릿바가 왜 녹아내렸는지에 대해 의문을 가지게 되었고 생각에 잠긴 스펜서는 혹시나 자신이 연구하던 자석과 연관이 있지 않을까 생각하고 다른 음식 재료들을 가지고 와서 비슷한 실험을 하게 된다.

그렇게 옥수수 알갱이들을 놓고 자석의 출력을 올리자 옥수수 알갱이들이 바로 팝콘으로 변했고, 달걀을 가져다 놓자 달걀은 터져버리는 것을 보고 본인의 생각에 확신을 갖게 된다.

그렇게 자석에서 방출되는 극초단파를 음식물에 오래 쏘게 되면 음식물의 수분의 온도가 올라간다는 사실을 발견하게 되었고, 이 방식을 특허를 출원해 자신이 근무하던 레이시온에 팔게 된다.

레이시온은 1947년에 스펜서의 특허를 바탕으로 주로 대형 주방에서 사용되는 '레인더 레인지'를 시장에 내놓게 되었고 이후 여러 단계의 개발 과정을 거쳐 현재의 가정용 전자레인지가 만들어지게 되었다.

참고자료: [한국전기연구원] https://blog.naver.com/keri_on/221804925904
참고자료: [과학을 읽다] 아시아경제 김종화 기자

알면 알수록 재미있는 발명과
특허의 세계로 떠나볼까?

chapter 5

재미 쏙!
상식 쑥!
발명과 특허
에피소드

전 세계에 다 통하는
국제특허는 없다고?

　제품을 구매할 때 소비자는 다양한 정보들을 참고해 구매 여부를 판단한다. 특허청의 엄격한 심사를 거쳐 정식 등록된 특허 역시 그 중 하나이며 이렇게 특허를 받은 제품은 소비자에게 신뢰감을 주게 된다. 그런데 이러한 특허가 국내를 넘어 국제특허를 받았다고 하면 어떨까? 이는 세계적으로 그 기술을 인정받은 제품이라 생각하고 소비자가 느끼는 믿음은 배가 될 것이다. 그런데 우리가 알고 있는 국제특허는 과연 실제로 존재하는 걸까?

　결론부터 말하자면 전 세계를 대상으로 하는 국제특허라는 것은 존재하지 않는다. 특허제도는 기본적으로 속지주의를 채택하고 있다. 이는 특허를 등록받은 나라에서만 그 권리가 인정된다는 것이다. 대한민국에서 등록된 특허는 원칙적으로 중국이나 미국 등 다른 나라에서는 그 권리를 주장할 수 없다. 만약 그러기 위해서는 중국이나 미국 등 각 나라의 특허청에 특허출원 후 등록 심사를 별도로 받아야만 한다.

그렇다면 우리가 광고에서 봤던 국제특허는 대체 뭘 얘기하는 걸까? 국제특허를 정확하게 말하자면 PCT국제특허출원을 말한다. 여기서 PCT(Patent Cooperation Treaty)는 국제협력조약을 나타내는 약어로서 특허협력조약에 가입한 나라 간에 특허를 좀 더 쉽게 편리하게 획득하기 위해 출원인이 자국특허청에 출원하고자 하는 국가를 지정하여 PCT국제출원서를 제출하면 그 날을 기준으로 각 지정국에 출원서를 제출한 것으로 인정받을 수 있는 제도를 말한다. 이러한 PCT국제특허출원은 세계적으로 특허를 인정받은 것이 아니고 이후, 검증단계(국제조사 및 국제예비심사)를 거친 다음 각 지정국에 번역문을 제출해야 비로소 각 국에서 특허성 심사가 진행되게 된다. 때문에 최종적으로 이 심사에서 등록결정을 받아야만 해당 나라의 특허권을 획득하게 되는 것이다.

예를 들어 김상준이라는 사람이 선풍기를 발명해 대한민국에서 특허를 출원할 때 미국과 중국에서도 특허를 받길 원한다면 국내출원서 제출과 동시에 PCT국제특허출원서에 미국과 중국을 지정국으로 신청하게 되면 미국과 중국에 직접 가지 않더라도 국내 출원일과 같은 날에 미국 특허청과 중국 특허청에도 특허출원을 한 것으로 인정해준다는 얘기다. 하지만 여기서 끝나는 게 아니라 각국에 별도로 심사과정을 거치게 되는데 여기까지 드는 비용이 각 나라별로 적게는 500만 원에서 많게는 1,000만 원까지 소요되는 것으로 알려져 있다. 생각보다 많은 비용이 들기 때문에 사실상 개인 발명가보다는 해외수출까지 고려하고 있는 기업들이 주로 이용하는 제도다.

이러한 과정을 거쳐 미국 특허청에서 특허를 등록받게 되면 비로소 미국 특허획득이라는 단어를 사용하게 되고 실제로 미국에서도 해당 나라의 특허법의 보호를 받을 수 있게 되는 것이다.

특허 받은 맛집들
과연 진짜 맛집들일까?

길거리를 지나가다보면 특허를 받았다는 음식점들을 자주 보게 된다. 특허 받은 순대, 짬뽕, 호떡 등 종류도 다양하다. 그런데 이렇게 특허를 받은 음식점들은 과연 진짜 맛집들일까? 특허를 받았다고 하면 사람들은 일반적으로 다음과 같은 사고 과정을 거치게 된다.

"특허 받은 순댓국이래."

"특별한 비법이 있으니 특허를 받았겠지."

"맛있으니까 특허를 받았겠지."

"특허청에서 인정한 맛집이래."

물건발명에 대한 특허와 마찬가지로 방법발명인 음식 조리법 역시 일정한 요건을 갖추면 특허출원이 가능하고 신규성과 진보성에 특허성이 인정되면 특허등록을 받을 수 있다. 즉, 기존과 다른 새로운 재료를 썼다든지, 색다른 조리방법을 통해 이전과 다른 새로운 맛을 구현해냈다면 신규성과 진보성을 갖출 수 있는 것이다. 심사과정 역시 동일하게 서류심사로만 이루어지게 된다. 다시 말해 음식특허 심사라고 해서 심사관이 직접 맛을 보고 맛있으면 등록을 받고 맛이 없으면 거절을 시키는 것이 아니라는 말이다. 예를 들어 일반적인 순댓국과 다르게 뽕잎을 넣은 순댓국으로 특허를 받았다면 이는 순댓국에 기존과 다른 재료를 사용했고 새로운 레시피가 추가되었기에 신규성과 진보성을 가지고 있다고 볼 수 있을 것이다.

그런데 여기서 우리가 생각해봐야 할 문제가 있다. 과연 뽕잎을 넣은 순댓국이 맛이 있냐는 것이다. 사실 맛이라는 게 지극히 주관적인 부분이기 때문에 먹는 사람의 취향에 따라서 각자 다르게 판단할 수 있는 문제다. 특허청 심사관들이 모두 백종원 씨처럼 절대 미각을 가진 맛 감별사가 아니다. 단지 명세서에 작성된 내용을 기초로 해당 내용이 특허성을 갖추고 있는지 아닌지를 판단하는 것이다. 때문에 특허를 받은 음식이 곧 맛있는 음식이라고 일반화시키기에는 무리가 있다고 말할 수 있다.

물론 그 중에는 진짜 맛집들도 있겠지만 아이러니하게도 진짜 맛집들은 음식 특허를 잘 내지 않는다. 그 이유는 앞서 설명한 것처럼 특허의 본질 부분에 있다. 특허는 산업기술의 발전에 기여한다는 목적에 따라 공개를 대가로 독점권을 부여받는 것이기 때문이다. 거기다가 이 독점적 권리는 출원일로부터 20년이라는 존속기간을 가지고 있다. 만약 여러분이 음식 비법을 가지고 특허를 내게 되면 출원일로부터 1년 6개월 후에는 특허를 받기 위해 명세서에 작성했던 모든 내용을 일반에 공개하게 된다. 즉, 관심만 있다면 누구나 찾아 볼 수 있다는 것이다.

물론 법적으로는 특허 등록된 조리법을 이용해 똑같은 음식을 만들게 되면 특허권 침해가 될 수 있지만 특허권자가 이를 모두 확인해 침해 여부를 가린다는 것은 쉽지 않은 일이다. 거기다가 존속기간 만료 후에는 법적으로도 누구나 사용해도 되는 일반적인 조리법이 되기 때문에 특허의 본질을 아는 진짜 맛집들은 굳이 특허를 내지 않고 그들만의 노하우로 간직하는 경우가 많다. 비밀유지만 잘한다면 대대손손 대박집으로 먹고 살 수 있는 황금알을 낳는 거위를 특허증 하나 받기 위해 배를 갈라 공개할 이유가 전혀 없기 때문이다. 음식은 결국 기술이 아닌 맛이다. 맛이 아닌 기술과 홍보에 기댄다는 것은 그만큼 맛에는 자신이 없음을 반증하는 것은 아닐까 한번쯤 생각해 볼 문제다.

특허 받은 제품인데
유사제품이 나오는 이유는 뭘까?

지식재산권이란 인간의 창의적인 지적 활동을 통해 얻어진 결과를 하나의 무형 재산권으로 인정해주는 것이고 이를 법적인 테두리를 만들어 창작자의 권리를 보호해주는 것이다. 대표적인 것이 바로 산업재산권이고 그 중 특허는 우리에게 가장 잘 알려진 지식재산권 중 하나다. 발명가는 이러한 법적 보호를 받기 위해 많은 시간과 비용을 들여 특허를 등록받게 된다. 등록된 특허는 다양한 방법으로 제품생산에 활용할 수 있는데 특허권자가 직접 제품을 개발해 사업을 실시하는 경우도 그 중 하나이다.

이러한 노력의 결실이 온전히 원 개발자에게 돌아가면 좋겠지만 현실에서는 그렇지 못한 경우가 있다. 바로 유사제품 때문인데 조금 "떴다" 하는 아이디어 제품들을 검색하다 보면 특허 제품과 비슷해 보이는 유사상품을 어렵지 않게 볼 수 있다. 분명 특허까지 등록받은 제품인데 대체 왜 이런 유사제품이 만들어지고 버젓이 판매까지

되고 있는 것일까? 그 이유는 바로 특허명세서에 작성된 청구항의 권리범위 때문이다. 특허의 침해여부를 따질 때는 제품 자체가 아니라 명세서의 청구항을 비교해서 판단하게 된다. 이때 등록받은 특허의 권리범위가 한정적이고 협소하게 작성되어 있다면 이를 피해갈 수 있는 길이 많기 때문에 유사제품이 쉽게 등장하게 되는 것이다. 이렇듯 등록된 특허의 허점을 파악해 유사제품을 만드는 것을 회피설계라고 하는데 실제로 산업계에서 어렵지 않게 볼 수 있다.

대박이 난 타사의 유사제품을 만들고 싶은 짝퉁업자는 해당 제품의 등록공개공보를 찾아서 특허의 청구항을 분석하기 시작한다. 이때 특허의 권리범위가 폭넓게 잘 작성되어 있다면 회피설계가 어렵다 판단해 단념하게 되겠지만 만약 권리범위가 좁고 한정적인 경우에는 청구항의 구성요소 중 일부를 빼거나 치환함으로써 특허권 침해를 피해 유사제품을 만들 수 있게 된다. 더군다나 제품으로 만들어 판매까지 하는 단계라면 이미 사전에 해당 분야의 전문가를 통해 등록특허의 침해여부 조사까지 마쳤을 가능성이 높다. 때문에 특허 침해를 의심하는 특허권자가 변리사무소를 찾아가 특허침해를 주장하더라도 기대했던 답변을 듣기 어려울 것이다.

그렇다면 이렇게 억울한 상황이 생기지 않게 하려면 어떻게 해야 할까? 사업화까지 생각하고 특허를 내는 것이라면 비용이 다소 들더라도 유능한 변리사를 만나 전문적인 선행기술조사를 거쳐 가능한 권리범위를 넓게 청구항을 작성해 특허를 출원하는 것이 가장 좋은 방법이다. 여기에 더해 상표권이나 디자인권 등의 다른 산업재산권까지 함께 출원해 입체적으로 권리를 보호하는 것이 유리하다.

또한 출원인도 특허증만 있다고 무턱대로 사업을 진행하기보다 등록되어 있는 본인의 특허가 주장하는 권리범위가 어느 정도인지 정확히 파악한 후 사업성 여부를 판단하는 것이 바람직하다. 어차피 사업이라는 거대한 야생의 세계로 나가게 되면 타 업체와의 경쟁은 피할 수 없는 숙명에 가깝다. 아무리 특허가 내 아이디어를 보호해준다고 하지만 이를 기반으로 더 나은 발명품이 만들어지고 제품으로 나오지 않을 거라는 보장은 어디에도 없다. 그러므로 특허를 기반으로 사업화를 고려 중이라면 앞으로 벌어질 수 있는 다양한 상황들을 염두해두고 스스로의 경쟁력을 갖춰나가는 것이 실패를 최소화할 수 있는 방법일 것이다.

현대그룹의 신화는
발상의 전환에서 시작됐다고?

우리나라의 근대화를 이끌고 현재도 대한민국 산업계의 큰 축을 이루고 있는 기업이 있다. 바로 아산 정주영 회장이 이끌었던 현대그룹이다. 지금은 계열사가 분리돼 과거의 현대그룹은 다시 범현대라 불리며 자동차부터 건설, 유통, 조선, 자재 등 주요 산업군의 각 분야를 선도하며 세계적인 기업으로 비상하고 있다. 이러한 현대그룹의 성장 과정에 발상의 전환으로 위기를 극복한 흥미로운 이야기가 있다.

1983년 충남 서산에 6,400m 규모의 서산 방조제 사업이 한창 진행 중일 때 마지막 A지구의 물막이 공사가 난항에 부딪히게 된다. 불과 270m만 연결하면 완성되는 단계인데 초속 8m의 엄청난 물살 때문에 아무리 커다란 바위를 쏟아부어도 모두 바다로 쓸려 나가 버렸기 때문이었다. 홍수 때 한강의 물살이 초속 6m로 흐르니 당시 현장의 물살이 얼마나 빨랐는지 가늠해볼 수 있을 것이다. 당시 현대건설은 이 문제를 해결하기 위해 최신장비를 동원하고 학계에 문의도 해보고 해외 컨설팅 회사에까지 연락을 취해봤지만 모두 허사였고 공사는 진척이 없이 발만 동동 구르는 상황이었다.

이 문제로 현장을 살펴본 고 정주영 회장은 기가 막힌 아이디어로 문제를 해결해낸다. 바로 해체해서 고철로 쓰려고 스웨덴에서 구입해 놓았던 23만 톤급 유조선을 이용한다는 계획이었는데 배를 끌어다 가라앉혀 물살을 막은 뒤 그 틈을 타 바위를 쏟아부어 공사를 완성한다는 계획이었다. 역사상 유래가 없는 공사 기법으로 성공을 장담하기 힘들었지만 정주영 회장 특유의 추진력으로 유조선을 현장으로 끌고와 공사를 진행하였고 그 결과 그토록 애를 먹던 공사를 단 이틀 만에 마무리하게 되었다.

여기서 우리가 주목해야 할 부분은 바로 그의 문제해결 방식이다. 이 문제를 해결하기 위해 아마 대부분의 직원들은 얼마나 무거운 돌을 일시에 쏟아부어야 물살에 영향을 받지 않을까를 계산하고 있었을 것이다. 주어진 문제에 정해진 소재만을 보았기 때문이다. 하지만 그는 이런 고정관념의 틀에서 벗어나 물막이 공사와는 전혀 상관없는 유조선을 이용한다는 기발한 발상을 했던 것이다.

일명 '정주영 공법'이라 불리는 이 공법은 현재까지도 토목업에서 교과서처럼 회자되고 있다. 당시 초등학교 졸업장이 전부였던 그가 특별한 전문지식을 바탕으로 생각해낸 아이디어는 아니었을 것이다. 하지만 공사의 총책임자로서 문제의 본질을 찾고 가장 효율적인 방법을 제시한 것에는 의심할 여지가 없다. 창의적 발상이 문제의 판을 뒤집을 수 있는 중요한 열쇠가 될 수 있음을 보여주는 좋은 예이다.

그는 어떻게 이런 기발한 발상을 하게 된 것일까? 얼핏 보면 단순해보이지만 여기에는 3가지의 능력이 필요하다. 즉, 물길이 좁아질수록 유속은 점점 빨라지기 때문에 단순히 돌의 무게를 늘리는 것만으로는 문제해결이 어렵다는 관찰력과 이 때문에 무언가를 이용해 일시적으로 물길을 막아 유속을 감소시켜야 승산이 있을 것이라는 직관력, 마지막으로 270m라는 거대한 물길을 일시에 막을 수 있는 수단으로 방조제 공사와는 상관없는 유조선을 이용해 물길을 막고 유속이 감소한 틈을 타 돌을 쏟아부어 공사를 완료하겠다는 문제해결 능력이 바로 그것이다.

극찬을 받으며 〈뉴욕 타임즈〉 등 해외 언론에도 다수 소개되었던 '정주영 공법'으로 인해 공사기간을 계획보다 36개월이나 단축시킬 수 있었고, 당시 290억이라는 엄청난 공사비용을 절감할 수 있었다. 그 결과 여의도의 33배에 이르는 4,700만 평을 대한민국 영토로 추가하게 되었다. 한 사람의 창의적 아이디어가 얼마나 큰 힘을 발휘하는지 볼 수 있는 좋은 예이며, 현대라는 기업이 어떻게 성장할 수 있었는지를 단적으로 보여주는 사건이 아닐까 생각한다.

대기업들 잘 나갈 때
발목 잡는 특허 괴물이 대체 뭐지?

경제뉴스에 관심이 있는 사람이라면 특허 괴물이라는 단어를 한 번쯤 들어봤을 것이다. 지식재산권에 대한 중요성이 부각되지 않았던 시기 우리나라는 제조업 중심의 산업이 주를 이루었고 지식재산권에 대한 대비는 상대적으로 미흡할 수밖에 없었다. 그 결과 국내 대기업들은 특허 괴물이라는 보이지 않는 적에게 시달리며 한동안 혹독히 대가를 치러야만 했다. 비실시기업(NPE)이라고도 불리는 특허 괴물은 도산하는 기업이나 개인 발명가들에게서 특허권을 매입한 후 이를 활용해 생산 활동은 하지 않으면서 자사가 보유하고 있는 특허를 침해한 기업을 상대로 특허권 침해소송을 걸어 고수익을 올리는 특허 소송 전문기업을 말한다.

특허 괴물이라는 명칭은 1998년 미국의 세계적 기업인 인텔사가 테크서치라는 한 무명의 회사로부터 특허침해 소송을 당하게 되면서 시작되었다. 당시 테크서치는 관련 기업으로부터 특허권을 싸게 사들인 후 소송을 통해 거액의 배상금을 노린 것이었는데 당시 테크서치가 요구한 배상액은 특허권 매입가격의 1만 배에 이르렀다고 한다. 이때 인텔 측 변호를 맡았던 피터 덴킨이라는 변호사가 테크서치를 일컬어 "특허 괴물"이라고 비난한 데서 이 명칭이 유래하게 되었다. 몇 년간의 긴 법정 싸움 끝에 인텔사는 결국 소송에서 승리하게 된다. 재미있는 것은, 당시 인텔사의 변호를 맡았던 피터 덴킨 변호사가 이 일을 계기로 특허권의 중요성을 깨닫게 되면서 또 다른 특허 괴물인 인텔렉추얼 벤터스에 투자를 하게 된다. 그리고 몇 년 후 인텔사를 퇴사하고 이 회사의 영업이사로 들어가게 되었고 이후 인텔렉추얼 벤터스는 세계최대 특허 괴물로 성장하게 된다.

특허 괴물의 또 다른 이름은 특허 파파라치, 특허 해적, 특허 사냥꾼인데 별칭에서 볼 수 있듯이 부정적인 이미지가 상당히 강하다. 그도 그럴 것이 기업들 입장에서는 전혀 생각지도 못했던 복병을 만나 장시간 사업이 지연되거나 최악의 경우 사업 자체가 무산될 수도 있기 때문에 결국 울며 겨자 먹기로 거액의 보상금 또는 로열티 계약을 맺을 수밖에 없는 상황에 내몰리게 되기 때문이다.

실제로 초창기에는 삼성, 엘지 등 굴지의 우리나라 대기업들도 이런 특허 괴물 공격에 속수무책으로 당해 거액의 보상금을 배상하거나 로열티 계약을 맺는 등 사업에 지장을 초래하기도 했지만 현재는 기업들마다 I.P 관련 부서를 따로 운영하며 적극적으로 대처해 나가고 있다.

얼핏 보면 불법적인 집단처럼 보이지만 사실 이러한 비실시기업
은 미국에서는 상당히 유망한 투자회사에 속한다고 한다. 업계 최고
수준의 변호사, 변리사, 엔지니어 등 전문가들이 모인 엘리트 집단
으로 보이지 않는 특허의 가치를 찾아 매입한 후 이와 관련된 기업
들을 분석하고 이들 기업의 사업 추이를 관찰하다가 회사 수익이 극
대화되었을 때 소송을 통해 특허를 판매하거나 로열티 계약을 통해
거액의 수익을 올리는 것으로 알려져 있다.

하지만 이런 비실시기업이 꼭 나쁜 점만 있는 것은 아니다. 이들
을 통해 특허의 가치가 올라가고 지식재산권의 중요성이 강화되었
으며, 특히 개인 발명가 입장에서는 이러한 특허권의 유통을 담당하
는 회사가 사실 필요하기 때문이다. 내 특허의 가치를 분석해 주고
이를 필요로 하는 기업에게 적정한 금액을 받고 판매해주는 양성적
인 역할도 함께하기 때문에 발명가들 입장에서는 어찌 보면 고마운
존재일지도 모른다. 이러한 특허 괴물의 주 활동무대는 미국이다.
그 이유는 미국 특허법이 특허권자의 권리를 강력하게 보호해주기
때문이다. 대표적인 특허 전문회사로는 인텔렉추얼 벤처스, 인터디
지털, NTP, 오션 토모, 모사드, 로빈슨 등이 있다.

상표권 하나의 가격이
685억이라고?

　특허를 포함한 산업재산권의 가격은 얼마나 될까? 과거 상표권 하나의 가격이 무려 685억에 거래된 사례가 있었다. 대체 어떤 상표권이기에 이렇게 높은 금액에 거래가 되었을까? 아이폰과 아이패드를 내놓으며 전 세계 스마트폰과 태블릿 PC시장에 돌풍을 일으키던 애플은 2010년 제품 출시를 앞두고 큰 고민에 휩싸이게 된다. 그 이유는 중국의 프로뷰라는 회사로부터 상표권 소송에 휘말리면서 iPad라는 상표로 자사의 태블릿 PC제품을 중국에서 판매할 수 없는 상황에 처했기 때문이었다. 이들의 상표권 분쟁은 10년 전으로 거슬러올라가 2000년 선전 웨이관의 모회사인 대만 기업 웨이관 타이베이는 IPAD라는 이름의 컴퓨터를 판매하며 상표권을 유럽과 일부 지역 등 8개 지역에서 등록을 하고 이듬해인 2001년 웨이관의 중국 자회사인 선전 웨이관은 중국 당국에 iPad 상표를 등록하게 된다. 한편 애플은 태블릿 PC 출시를 앞두고 2009년 12월 영국 자회사인

IP Application사를 통해 3만 5천 파운드(약 5만5천 달러)에 웨이관 대만의 자회사인 웨이관 국제(프로뷰 인터내셔널)로부터 유럽·중국·싱가포르를 포함해 모든 지역에 등록된 iPad 상표권을 사들였고 곧이어 애플은 2010년 1월 iPad를 정식 발표하게 된다.

그런데 전 세계에서 iPad가 큰 인기를 끌자, 웨이관은 양사의 거래에 중국 내 상표권은 포함되지 않았다며 중국 내 상표권은 광둥성에 있는 선전 웨이관에 있다고 주장하게 된다. 그러면서 애플이 웨이관 타이베이와 맺은 중국 내 상표권 양도 협의에 관한 이행을 거절하기에 이르게 된다. 그러자 애플은 2010년 4월 선전 중급법원에 선전 웨이관을 상대로 제소를 하게 된다. 애플은 정당한 양도 협의에 따라 자사가 iPad 상표의 중국 대륙 내 소유권을 갖고 있다고 강조하며 선전 웨이관 직원인 위앤휘와 마이스훙이 당시 양도 교섭에 참여했기 때문에 협의가 iPad의 중국 대륙 내 사용권도 포함했다고 주장했다.

애플은 2011년 2월 선전 법원에 선전 웨이관에 배상 요구와 함께 애플이 중국 대륙 내 iPad 상표권 보유자인 점을 확인해달라고 요구하는 소송을 제기했다. 이에 맞서 선전 웨이관은 2011년 3월 베이징 공상국에 제소하면서 상표권을 침해한 애플에 대해 벌금을 부과해달라고 요구하며 선전과 휘저우에서 애플 대리점의 iPad 판매를 금지해달라는 소송을 내게 된다.

웨이관 측은 애플이 상표권 인수 당시 사용 목적이나 충분한 정보를 제공하지 않았으며, 양사의 제품이 경쟁할 목적이 없다고 밝혔던 것도 거짓이었다고 주장했고 선전시 중급법원은 애플의 소송 청구를 기각하게 된다. 애플이 웨이관 국제와 상표권 양도 협의를 맺었지만 선전 웨이관과는 계약을 맺지 않았다고 판결하며 결국 중국 업체의 손을 들어주게 된 것이다. 1심 재판에서 승소한 웨이관은 올해 들어 1~2월 중 중국 당국에 전국 애플 대리점에서 iPad를 판매하지 못하게 해달라고 요청했고, 지방정부들은 이를 받아들여 iPad 판매 단속과 함께 판매 중지 명령을 내리게 된다. 결국 애플은 원만한 해결을 위해 화해 비용으로 6,000만 달러(한화 약 685억)를 웨이관 측에 지급하며 사건은 일단락하게 된다.

위의 사례는 사실 애플이라는 글로벌 기업에 제기된 소송이었고 애플의 입장에서는 자칫 세계에서 2번째로 큰 시장에서 자사의 제품을 제대로 된 이름으로 판매할 수 없게 될 위기에 직면한 상황에서 어쩔 수 없이 거래된 경우라 볼 수 있지만 상표권 하나의 힘이 얼마나 대단한지 새삼 느끼게 된 사례라 볼 수 있다.

삼성전자, POSCO, 현대자동차그룹도
발명의 원리를 배운다고?

우리나라의 대표적 기업인 삼성전자나 LG전자, POSCO, 현대
자동차그룹 등도 발명의 원리를 배운다는 사실을 알고 있는가? 어
떻게 이런 굴지의 대기업들이 직원들을 대상으로 발명의 원리를 교
육하게 되었을까? 그 시작은 이렇다. 2000년대 초, 삼성전자는 처
음 양문형 냉장고를 내놓으며 큰 고민에 빠지게 된다. 냉장고와 홈
바를 연결하는 스테인리스 재질의 연결 장치(쇠고리) 때문이었는데
가격도 비싼 데다 경쟁사의 특허를 침해할 소지가 있었기 때문이었
다. 오랫동안 고민해도 해결방안이 떠오르지 않자 결국 이 문제를
창의성 전문가에게 의뢰하게 되었고 그로부터 몇 달 후 문제에 대한
답이 돌아왔다. 연결고리를 아예 없애고 대신 냉장고 속으로 홈바
문을 길게 늘리는 방법이었는데 현재 우리가 사용하고 있는 냉장고
의 미니 홈바의 형태는 이렇게 탄생하게 되었다. 이러한 새로운 미
니 홈바 방식을 적용함으로써 삼성전자는 대당 수천 원의 특허료를

절감할 수 있었다.

이후 이러한 효과를 입증하듯 기업들은 속속 '트리즈'라는 발명 원리 교육체계를 도입하기 시작했다. 가장 먼저 움직인 삼성은 1998년 본격적으로 트리즈를 도입했고 6개 계열사와 삼성종합기술원은 삼성트리즈협회(STA)를 출범시켰다. 러시아의 트리즈 전문가를 본사에 상주시키며 신입연구개발인력은 의무적으로 트리즈 과정을 듣도록 했다. 그 결과 매년 180여 건의 특허를 출원했으며 삼성에서 나오는 모든 제품은 어떠한 형태로든 트리즈가 적용되어 나온다는 말이 있을 정도였다.

이외에도 포스코의 경우 "트리즈는 사람을 창의적으로 변화시키는 장점이 있다"며 직원들을 대상으로 많은 시간을 투자해 교육을 실시했고, 2003년 도입 후 100여 개의 과제를 해결하고 107건의 특허를 취득하는 등 가시적 성과를 내게 된다. 이처럼 기업들은 혁신이라는 시대적 과제를 트리즈에서 답을 찾고 있다. 이로써 비용 절감, 상품 가치 제고, 특허 회피 등에 필요한 아이디어를 찾는 데 유용하게 활용하고 있다.

그렇다면 이러한 트리즈는 언제 어떻게 만들어지게 된 걸까? 트리즈는 러시아의 과학자 겐리히 알트슐러가 1946년 러시아의 우수한 특허와 기술혁신 사례들을 20만 건 이상 분석하여 찾아낸 40가지의 창의적 문제해결 이론을 말한다. 그는 창의성은 모순을 극복한 결과이며 주변의 자원을 최대한 활용하는 특징이 있다는 점을 밝혀 내게 된다. 대표적으로 분할, 추출, 통합, 반대로, 사전예방, 역동성, 다용도, 차원변경, 고속처리 등이 많이 활용된다. 즉, 어떠한 문제에 부딪혔을 때 이를 쪼개고 나누어 생각해보거나, 필요한 부분만 뽑아 내 보거나 반대로 생각해보는 등의 다양한 기법에 적용해봄으로써 직면한 과제에 가장 효율적인 문제해결 방법을 찾아내는 것이다.

예를 들면 세탁기의 편리한 장점과 빨래판 특유의 장점을 결합해 만든 "액티브 워시 세탁기가 좋은 예일 것이다. 이는 세탁기를 돌리 는데 와이셔츠 목 부분의 찌든 때를 비벼 빨 수 있는 빨래판이 있으 면 좋겠다는 의견을 반영해 만든 경우로, 기술적 진보를 통해 탄생 한 제품이라기보다는 편리함과 불편함의 모순점을 찾아 결합해 만 든 아이디어 제품으로 출시 당시 좋은 반응을 얻었다.

소리나 냄새로도
상표권을 받을 수 있다고?

냄새나 소리로도 상표권을 받을 수 있다는 사실 알고 있는가? 상표권은 산업재산권의 일종으로 상품을 생산, 제조, 가공 또는 유통하는 판매업자가 자기의 상품을 다른 업자의 상품과 식별시키기 위하여 사용하는 기호, 문자, 도형 또는 그 결합을 말한다. 이러한 상표는 옆면의 도표와 같이 분류해볼 수 있다.

하지만 이외에도 우리가 잘 알지 못하는 상표가 있으니 소리상표와 냄새상표가 그것이다. 대표적인 소리상표로는 미국의 영화제작 및 배급사 '메트로 골드윈 메이어(MGM)'의 상징인 사자의 포효하는 소리나 윈도우 시작 음 등이 있다. 냄새상표로는 미국 토너 전문 기업 세이어스에서 출시한 레이저 프린터 토너의 '레몬향'을 들 수 있다. 이밖에도 미국의 잡지사나 출판사는 책에 씌워진 비닐을 벗기면 특유의 향기가 나게끔 만든 뒤 해당 향기를 냄새상표로 등록했으며 아베크롬비 앤드피치나 속옷 브랜드 빅토리아 시크릿 매장에 들어

가면 특유의 향기가 나는데 이 역시 상표로 등록돼 보호 받고 있다.

일반상표란 기호, 문자, 도형, 색채가 결합한 경우를 말한다.

입체상표란 3차원적으로 구성된 경우를 말한다.

색채상표란 단일색채 또는 색채의 조합으로 구성된 상표를 말한다.

홀로그램 상표란 홀로그램을 이용하여 보는 각도에 따라 다양한 문자나 모양 등을 나타나게 하는 상표를 말한다.

동작상표란 일정한 시간의 흐름에 따라서 변화하는 일련의 그림이나 동적 이미지 등을 기록한 것으로 구성된 상표를 말한다.

또한 냄새상표에 투자를 늘리는 분야가 있는데 바로 '새 차 냄새'로 고민하는 자동차 업계다. 새 차를 인도받은 뒤 차량 내부에서 나는 냄새로 고객들에게 많은 민원을 받아온 자동차 업계는 새 차 냄새를 마케팅으로 활용하는 방안을 강구했다. 이 때문에 메르세데스 벤츠 등 프리미엄 브랜드 업체에서는 아예 새 차 냄새를 연구하는 부서가 따로 있다. 그리고 롤스로이스나 캐딜락 같은 자동차 브랜드

도 신차에 자사 고유의 향기가 나게끔 연구를 하고 있는 것으로 알려져 있다.

사실 소리와 냄새상표의 경우 상표권으로 인정된 지가 얼마 되지 않았고 보편적으로 잘 사용되지 않다보니 아직까지 그 출원 빈도는 상당히 낮은 편이다. 국내의 경우 등록률을 살펴보면 2014년에 소리상표는 29건만 등록되는 등에 그쳤다. 등록된 소리상표로는 삼성전자가 '물에 닿을 때, 물을 휘저을 때, 물에서 뗄 때의 소리'를 연속해 조합한 효과음과 LG전자의 효과음 정도에 불과하다. 하지만 시대가 변할수록 소비자의 수준은 높아져 가고 이러한 소비자의 이목을 끌기 위해서는 단순히 시각적인 효과를 넘어 후각 청각 등 오감을 활용함으로써 기업과 상품의 이미지 향상에 도움이 될 수 있다는 점에서 이와 같은 상표의 수요도 점차 확대될 것으로 예상된다.

이러한 소리상표나 냄새상표를 등록받기 위해서는 상표출원 시 별도의 준비가 필요하다. 소리상표의 경우 MP3 파일이나 WAV 파일 3Mb 이하로 제출해야 하며, 냄새상표의 경우 30ml 이상의 액체 형태의 물질을 포함하는 밀폐용기 3통 또는 향이 포함된 물질 3mg 이상 도포한 향 패치 30장을 출원 시 해당 서류와 함께 특허청에 제출해야 한다. 아직까지 잘 알려지지 않은 상표권의 분야이지만 모든 일이 그렇듯 시작단계에서 미래를 선점하는 것이 성공의 지름길이 될 수 있을 것이다.

세기의 소송
삼성전자 갤럭시 vs 애플 아이폰

 2011년 전 세계 사람들에게 지식재산권의 중요성을 각인시켜 준 사건이 있었다. 바로 글로벌 기업인 삼성전자와 애플의 특허권 분쟁 사건으로 세계적인 두 기업 간의 싸움이면서 천문학적인 배상금과 소송비용은 당시 신문사의 1면을 장식하기 바빴다. 사건의 계기는 2011년 4월로 거슬러올라간다. 2007년 스티브잡스가 아이폰을 내놓으며 세상을 깜짝 놀라게 했던 애플이 스마트폰 제조사의 양대 산맥인 삼성전자를 대상으로 스마트폰 디자인 특허 4건과 상용특허 3건의 침해 혐의로 고소하면서 시작된다. 둥근 모서리를 비롯한 디자인 특허를 비롯하여 탭 투 줌, 바운스 백 등 상용 특허가 쟁점이었던 소송에서 삼성은 10억 달러라는 천문학적인 배상금을 부과 받게 된다. 징벌에 가까웠던 전례 없는 배상금의 규모는 삼성이 고의적으로 특허를 침해했다고 판단했기 때문이었다.
 하지만 당시 재판을 주재한 루시 고 판사는 일부 배상금 산정이

잘못되었다며 다시 새로운 재판을 열도록 명령했고, 두 차례에 걸친 배심원 평결을 거친 결과 특허권 침해 5억 4800만 달러와 트레이드 드레스 침해 3억 8200만 달러를 합해 총 9억 3천만 달러의 배상금을 결정한다. 트레이드 드레스란 상품의 전체적인 이미지(코카콜라 병은 코카콜라를 상징)를 말하는 것으로서 상표권보다 좀 더 포괄적인 의미를 가진다.

이후 삼성과 애플의 특허 소송은 2014년 본격적으로 2차 특허 소송에 돌입하게 된다. 이때의 쟁점인 상용 특허는 복잡하고 기나긴 기술 공방이 병행되기 때문에 삼성에겐 좋은 기회였지만 삼성은 데이터 태핑 등의 특허를 침해했다는 판결을 받게 되면서 애플에 대한 요구액의 20분의 1인 1억 1천960만 달러의 배상금만을 부과 받는데 그치게 된다. 하지만 성과가 아예 없었던 것은 아니었다. 미국에서 진행된 특허 소송에서 사상 처음으로 애플에 배상금을 부과하는 의미 있는 성과가 있었기 때문이었다.

사실 삼성과 애플은 복잡 미묘한 관계를 가지고 있다. 스마트폰에서는 애플의 경쟁사였지만 반도체 등 부품 부분에 있어서는 애플은 삼성의 중요한 고객사이기도 했기 때문이다. 정확히 밝혀지진 않았지만 이러한 이유를 감안해서인지 2015년 12월 삼성은 애플에게 배상금 5억 4800만 달러를 우선 지급하기로 결정했고 이렇게 사건은 일단락되는 듯했다. 하지만 이후에도 양사는 한 치의 양보 없이 서로 엎치락뒤치락 항소를 반복하며 법적 분쟁을 끝날 기미를 보이지 않다가 2018년 6월 돌연 삼성전자와 애플은 7년간의 긴 특허소송에 마침표를 찍게 된다. 두 회사는 같은 이유로 다시 재소할 수 없다는 조건 외에 구체적인 합의사항은 밝히지 않았지만 업계에서는 긴 소송의 피로감이 작용한 것이 아니냐는 분석을 내놓기도 했다.

이러한 소송을 거치며 삼성과 애플은 서로 천문학적인 비용을 부담해야 했지만 훗날 실보다는 득이 많은 소송이었다는 평가를 듣게 된다. 삼성은 일종의 노이즈 마케팅 효과로 인해 스마트폰 혁신의 대명사인 애플의 라이벌임을 전 세계에 각인시키며 삼성이라는 브랜드 가치를 높일 수 있었고, 애플 역시 스마트폰을 탄생시킨 오리지널 기업이라는 회사 이미지를 더욱 공고히 하는 계기가 되었다. 그 결과 두 거대 기업은 전 세계 스마트폰 시장점유율을 나란히 확대하며 우위를 점하게 되었고 기업의 매출 또한 크게 증가하게 되었다.

지식재산권은 눈에 보이지 않는다. 하지만 4차 산업혁명 시대에 진입하며 그 가치는 이미 우리가 상상하는 이상으로 커졌고 전 세계의 다국적 기업들은 생존을 위해 지금도 총성 없는 전쟁을 치르고 있다. 삼성과 애플의 특허 소송은 이러한 지식재산권의 중요성을 보여준 역사적인 사건이 아니었나 생각된다.

'대체 불가능한 토큰' NFT가 대체 뭘까?

　최근 트위터를 창업한 잭 도시의 첫 번째 트윗 한 줄이 무려 32억 원이라는 금액에 팔렸다. 또 화재 현장에서 찍은 평범한 소녀의 사진 한 장이 경매를 통해 5억 원에 팔리는가 하면 비플이라는 예명으로 활동하는 디지털 아티스트 마이크 윈켈만이 제작한 〈매일:첫 5,000일〉이라는 작품은 783억 원이라는 엄청난 금액에 판매되며 세상을 놀라게 했다. 그림의 낙찰가도 놀랍지만 해당 그림을 실제로 만질 수도 없는 디지털상에 존재한다는 것 역시 놀랍다. 듣고도 쉽게 믿을 수 없는 위 사례들은 바로 NFT가 있었기에 가능했다.

　이렇듯 요즘 세상을 떠들썩하게 하는 NFT란 대체 뭘까? NFT란 Non-Fungible Token의 약자로 대체 불가능한 토큰을 뜻한다. 이는 비트코인과 같이 블록체인 기술에 기반을 두고 있는 토큰화된 디지털 자산이라고 생각하면 된다. 유형이나 무형 형태에 관계없이 가치가 있거나, 가치가 있을 수 있는 것들을 디지털화해서 토큰화할 수 있고 소유권 정보까지 블록체인 상에 기록을 할 수 있는 특징을 가지고 있다. 결론적으로 NFT는 실물을 소유하는 것이 아닌 디지털 상에 존재하는 오리지널을 내가 소유하고 있다는 기록을 사는 것이라 말할 수 있다.

NFT를 좀 더 쉽게 예를 들어 보자. A가 가진 만 원과 B가 가진 만 원은 그 화폐의 가치가 같다. 즉, 누구 하나 손해 보는 일 없이 교환이 가능하다는 것이다. 이것이 우리가 사용하는 보통의 화폐나 비트코인과 같은 가상화폐의 일반적인 개념이다. 그런데 만약 A가 가진 만 원의 일련번호가 0001이고 B가 가진 일련번호가 2534라면 어떨까? 역시 화폐로서의 가치는 같지만 첫 번째 화폐 발행물인 A의 만 원은 희소성이라는 보이지 않는 가치가 붙게 될 것이다. 그리고 이 고유의 번호는 블록체인에 기록되며 위·변조가 사실상 불가능하기 때문에 세상에 오직 나만 소유할 수 있다. 즉, 각각의 다른 데이터가 기록된 코인은 서로 다른 가치를 갖게 되는 것이고 이것이 바로 NFT의 핵심이라 말할 수 있다.

NFT가 주목받는 또 하나의 이유는 바로 메타버스라 불리는 가상현실 세계의 확장성을 들 수 있다. 즉, 5G 기술의 급진적인 발달로 앞으로 우리는 VR기기를 통해 현실세계와 비슷한 가상세계를 경험하게 될 것이다. 지금이 바로 그 과도기로서 일찍부터 그 성장 가능성을 알아본 글로벌 기업들은 메타버스 시장을 선점하기 위해

발 빠르게 움직이고 있다. 이 가상세계에서는 나만의 캐릭터를 만들고 부동산을 구입할 수도 있으며 물건을 사고 팔 수도 있다. 실제로 한 메타버스에서는 평당 8만 원에 구입한 청담동의 땅이 400만 원까지 치솟아 무려 5,000%의 수익률을 보였다고 한다.

뿐만 아니라 코로나 시대에 비대면이 일상화된 지금 대학교 입학식이나 동호회 모임 등을 할 수도 있고 유명가수의 콘서트를 열어 공연 수입을 올릴 수도 있다. 이 모든 것이 현실이 아닌 가상세계에서 일어나는 일들이다. 그리고 그 중심에 바로 NFT가 있는 것이다.

그렇다면 지식재산권 관점에서 NFT를 바라보면 어떨까? NFT는 창작자의 저작권을 강력하게 보호해줄 수 있는 신기술이라 말할 수 있다. 사진작가가 찍은 작품 사진을 인터넷에 올리는 순간 누구나 쉽게 복사해 본인의 컴퓨터로 가져갈 수 있고 원작의 진위 여부를 가리는 것은 사실상 불가능했다. 하지만 NFT는 이것을 가능하게 해준다. 원작의 사진 파일에 민팅(minting)이라는 과정을 거쳐 저작자의 정보를 고유의 번호와 함께 블록체인에 기록하게 되면 오리지널 작품이라는 고유의 가치를 창작자는 지켜낼 수 있게 되는 것이다.

이렇듯 다양한 가능성을 지닌 NFT를 바라보는 시선은 기대 반 우려 반이다. 비트코인으로 대표되는 가상화폐처럼 제2의 거대한 광풍의 서막이 될지 또는 지식재산권을 강력하게 보호해 줄 효과적인 수단으로 자리 잡을지는 더 지켜봐야 할 것이다. 하지만 분명한 것은 메타버스는 이제 막 하늘을 날기 위해 힘찬 날갯짓을 시작한 단계이며 첨단기술인 NFT와 결합한다면 무궁무진한 시너지 효과를 낼 수 있다는 점이다. 그 결과가 어떻게 될지는 아직 아무도 장담할 수 없지만 과거 네덜란드의 튤립버블이 준 역사적 교훈을 한번쯤 되새겨볼 필요도 있지 않을까 생각한다.

어떤 발명을 해야 돈이 되는 걸까?
변리사가 말하는 돈이 되는 강한 특허란?

특허법인 '대한' 이동기 대표변리사

발명과 특허에 있어 지식재산권 전문가인 변리사를 빼놓을 수 없습니다. 변리사는 발명에 더욱 강한 권리의 옷을 입혀 특허로 완성해 주는 일을 하는데요. 어렵게만 느껴지는 특허를 일반인도 쉽게 이해할 수 있도록 설명해주는 [유튜버] 이동기 변리사에게 돈이 되는 강한 특허란 무엇인지 들어봤습니다.

1. 변리사는 어떤 일들을 하나요?

변리사는 발명가의 좋은 아이디어를 심사관이 더욱 가치를 알아볼 수 있도록 숨겨진 매력까지 찾아서 글로 작성해 전달해주는 역할을 합니다. 특허가 등록을 받기 위해서는 명세서라는 일정한 형식의 문서로 작성해서 전달해야지만 심사가 가능하기 때문입니다. 그리고 이렇게 특허등록이 되고 나서는 혹시 다른 사람이 비슷한 발명을 허락 없이 사용하는 경우에 그러지 못하도록 막아주는 역할도 합니다. 결론적으로 특허라는 권리를 만들어주고, 또 지켜주는 역할도 한다고 말할 수 있습니다.

2. 발명가와 변리사는 어떤 관계인가요?

따뜻한 동반자라고 보시면 됩니다. 낯선 곳으로 여행을 갔을 때 잘못된 길을 들어서 낭패를 볼 때가 있잖아요? 이때 변리사는 발명가의 좋은 아이디어를 더욱 가치 있는 특허로 인정받을 수 있도록 따뜻하게 손잡고 이끌어주는 역할을 합니다. 그리고 반대로 아이디어에 아쉬운 부분이 있다면 어디가 부족하고 또 어디를 보완해야 좋은 특허가 될 것인지 솔직하게 조언해주는 역할도 합니다. 결국 좋은 변리사는 아이디어를 쉽고 빠르게 특허로 거듭날 수 있도록 시행착오를 줄여주는 동반자입니다.

3. 변리사가 생각하는 돈이 되는 발명이란 어떤 발명일까요?

발명자가 아이디어를 내고 특허를 받는 이유는 무엇일까요? 단순히 시험을 잘 봤다고 상장을 받는 것과 달리, 특허라는 제도는 발명자가 좋은 아이디어를 제공하고 거기에 따른 보상을 받게끔 하는 취지로 만들어진 것이라 말할 수 있습니다. 때문에 좋은 발명이란 발명자뿐 아니라 다른 사람도 모두 아이디어의 효용성에 공감하는 것이라 볼 수 있는데요. 결국 돈이 되는 발명이란 누군가 돈을 주고 사용하고 싶어 하고 또 제품으로 나오면 누구든지 돈을 주고 사고 싶어지는 것이라 말할 수 있습니다.

4. 지금까지 진행한 특허 가운데 가장 성공적인 사례를 뽑는다면?

운전하면서 스마트폰으로 길을 찾을 때 '카카오내비' 많이들 사용하시죠? 원래는 카카오 회사에서 만든 것이 아니고 스타트업이었던 록앤올(주)이라는 작은 회사에서 개발한 내용이었습니다. 당시 저에게 의뢰하신 개발자와 함께 고민하며 특허출원을 잘 도와드려서 등록이 되었고, 그 특허 덕분에 다른 회사에서 모방을 못하다보니 카카오 회사에서는 어마어마한 돈으로 그 특허기술을 사게 되었습니다. 그래서 이제는 카카오의 옷을 입고 '카카오내비'라는 이름으로 많은 사람들에게 인기를 얻고 있지요. 저 개인적으로도 대단히 보람찬 사례라 생각합니다.

5. 미래에 유망할 것으로 생각되는 발명 분야를 추천해주신다면?

흔히들 4차 산업혁명이라 이야기하는 인공지능 분야, 3D 프린터를 활용한 분야, 그리고 인터넷 분야 내지는 배터리 분야가 앞으로 더욱 활성화될 거라고 생각하기 때문에 이와 관련된 분야를 추천드리고 싶습니다. 왜냐하면 특허를 받기 위해서는 기존에 개발된 기술들과 새로 개발된 기술이 경쟁하는 모습을 보이게 되는데, 주변에 익숙하게 알려진 발명 분야들은 이미 많은 선행기술들이 존재하다 보니 이러한 점이 진보성을 인정받는 부분에서 불리하게 작용기도 합니다. 반면 새로이 시작되는 4

차 산업혁명 연관 분야는 경쟁하는 기술이 상대적으로 적기 때문에 조금만 차별화되어도 주목을 받을 수 있고 특허로 등록받을 수 있는 가능성 역시 상대적으로 높다고 말할 수 있습니다.

6. 예비 발명가들에게 해주고 싶은 얘기가 있다면?

일상에서 느끼는 불편함에 늘 관심을 갖고 스스로 창조적이고자 하는 노력을 계속 기울이라는 말씀을 드리고 싶습니다. '발명'은 단순하게 눈에 무언가 보이게 되는 '발견'과는 비슷해보이지만 분명하게 다른 점이 있습니다. 먼저 어떤 문제점을 찾아야 하고, 그 문제를 해결하는 원리를 떠올려야 하며, 그 원리가 실제 구현될 수 있도록 새로운 기술을 만들어야 하기 때문이죠. 그런데 이런 과정들은 평소에 관심을 가지고 주변에서 문제가 될 것들을 스스로 찾고, 또 새로운 원리를 부단히 익혀두어 창조적인 내가 되어 있어야만 좋은 결과로 완성할 수 있습니다. 이런 이유로 평소에 좋은 발명을 위한 훈련을 계속했으면 좋겠고 그 결과 언젠가 좋은 발명품을 만들어낸다면 이는 결국 나에게 큰 성과와 보상으로 다가올 수 있다는 것을 상기하며 계속적인 노력을 했으면 하는 바람입니다.

동료의 실수에서 나일론을 발명한
월리스 흄 캐러더스

20세기 최고의 발명품 중 하나로 손꼽히는 나일론은 그 명성에 비해 이를 개발한 발명가의 이름은 잘 알려지지 않았다. 그 주인 공은 바로 1896년 4월 27일 미국 아이오와 주에서 태어난 월리스 흄 캐러더스라는 미국의 화학자이다. 타키오대학과 일리노이대학 에서 유기화학을 전공하고 1928년 하버드대학 강사에서 세계적인 화학회사인 듀퐁사 중앙연구소의 기초과학연구부장으로 스카우 트 된 캐러더스는 고분자에 관한 연구를 주로 하면서 인공고무인 '네오프렌'을 만들어내는 등 탁월한 성과를 내고 있었다. 그러던 어느 날 그의 연구팀 동료 중 한 명인 줄리언 힐이 가열된 폴리에 스테르를 비커에 담아 휘젓는 장난을 치게 되었다.

그렇게 장난으로 비커를 휘젓던 막대를 들어 올리는데 폴리에스 테르가 거미줄만큼 가늘고 비단처럼 부드러운 실과 같은 물질이 되는 것을 우연히 목격하게 된다.

폴리에스테르에 이런 성질이 있다면 자신의 실험실에 방치해 둔 폴리아미드에도 동일한 성질이 있을 것으로 예감한 케러더스는 곧 바로 본인의 연구실로 돌아와 관련 실험을 시작했고 그 결과 나일론이라는 역사에 길이 남을 발명품이 탄생하게 된다.

그 후 듀퐁사는 상품화 과정을 거쳐 나일론을 세상에 내놓게 된다. '석탄과 공기와 물로 만든 섬유', '거미줄보다 가늘고 강철보다 질긴 기적의 실'로 불린 나일론은 당시 여성용 스타킹으로 폭발적인 인기를 끌게 된다.

나일론으로 만든 스타킹은 기존의 실크 스타킹에 비해 얇고 투명한 것이 특징이어서, 바로 이때부터 여성들이 다리털을 밀기 시작했다는 이야기가 전해지기도 한다. 스타킹의 인기에 힘입어 듀퐁사의 매출은 곧바로 두 배로 늘었고, 이후 중합체 기술의 최강자로 군림하게 된다.

20세기 말에 이르러서는 미국의 화학자 가운데 절반 가까이가 중합체 관련 일을 하게 될 정도로 관련 기술은 크게 성장하게 된다. 이러한 나일론의 영향력은 단지 의류 시장에만 국한되지는 않았다. 제2차 세계대전이 발발하자 낙하산과 타이어, 밧줄과 텐트 등의 군수품 제조에도 사용되는 바람에, 스타킹을 비롯한 기타 제품의 생산이 잠시 중단되는 일까지 벌어지기도 했다. 어떤 여성들은 낙하산 제조에 이용해 달라며 각자의 스타킹을 국가에 헌납하기도 했다고 전해진다. 이러한 나일론이 우리나라에 전해진 시기는 1963년으로 당시 사람들에게 큰 인기를 얻으며 관련 산업이 발전하게 되었다.

참고자료: [과학을 읽다] 아시아경제 김종화 기자

부록

상표권 직접출원 따라하기

상표권 직접출원 전 준비사항

특허청에서 제공하는 통합서식작성기를 이용해 상표권을 직접출원하기 위해서는 특허고객번호와 공동인증서, 상표견본 이미지 파일(JPG.)이 필요하다. 특허고객번호란 특허청에서 출원인에게 부여하는 고유번호로서 산업재산권을 출원하기 위해서는 사전에 반드시 신청해야 한다.(최초 1회 신청으로 계속 사용 가능)

신청방법은 "특허로" 사이트를 통해 온라인으로 신청 가능하며 특허청에서 제공하는 영상을 참고해 신청하면 된다.

만약 기존에 산업재산권을 출원한 경력이 있다면 특허고객번호가 이미 발급된 상태이므로 별도의 신청과정은 필요하지 않다. 본인의 특허고객번호 조회는 특허로 사이트- 화면 상단의 특허고객등록- 특허고객등록- 2단계 특허고객 실명확인- 발급확인에서 조회 가능하다. 초보자의 경우 아래 출원과정에 대한 설명이 충분하지 않을 수 있으니 보다 상세한 자료를 참고하기를 추천한다.

인증서 등록하기

1. 인증서 등록에 사용할 공동인증서를 준비한다.

2. 특허고객등록을 클릭한다.

3. 인증서 사용등록을 클릭한다.

4. 특허고객번호 입력 후 신청을 클릭한다.

5. 공동인증서 등록 버튼을 클릭한다.

6. 공동인증서 인증 후 확인을 클릭하면 등록이 완료된다.

통합서식작성기 다운로드

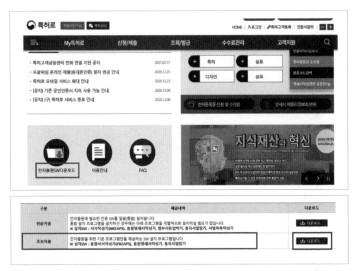

출처:특허로

1. 특허로 홈페이지 하단의 전자출원 SW다운로드를 클릭한다.

2. 통합설치- 초보자용을 다운로드 받아 설치한다.

상표등록출원서 작성하기

1. 바탕화면의 통합서식작성기 프로그램을 실행한다.

2. 통합서식작성기 화면 좌측의 서식메뉴 중 국내출원서식-상표등록출원

   서를 클릭한다.

3. 상표등록출원서의 특허고객번호와 성명을 입력한다.

4. 등록대상 찾기를 클릭한다.

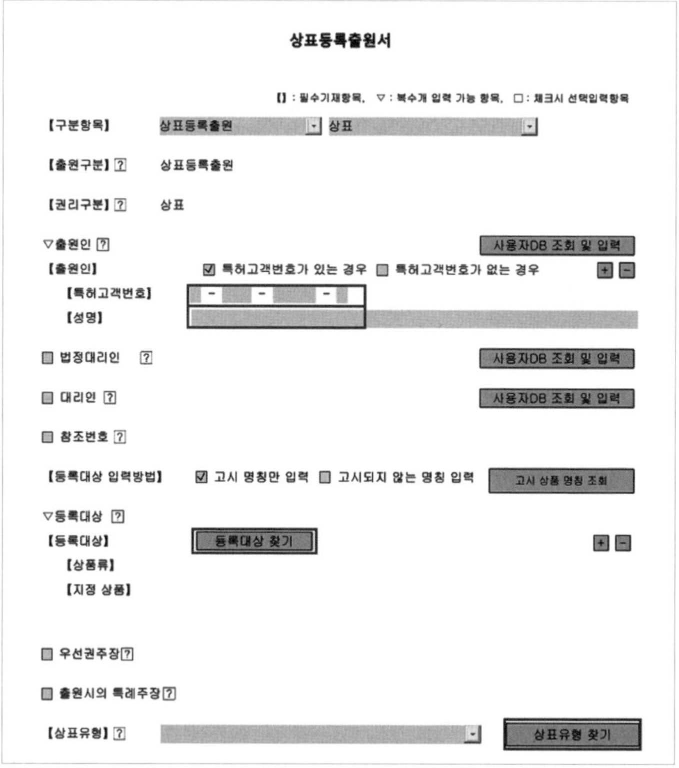

상표등록출원서

【】: 필수기재항목, ▽: 복수개 입력 가능 항목, □: 체크시 선택입력항목

【구분항목】 상표등록출원 상표

【출원구분】 상표등록출원

【권리구분】 상표

▽출원인 사용자DB 조회 및 입력

【출원인】 ☑ 특허고객번호가 있는 경우 □ 특허고객번호가 없는 경우

【특허고객번호】 - - -

【성명】

□ 법정대리인 사용자DB 조회 및 입력

□ 대리인 사용자DB 조회 및 입력

□ 참조번호

【등록대상 입력방법】 ☑ 고시 명칭만 입력 □ 고시되지 않는 명칭 입력 고시 상품 명칭 조회

▽등록대상

【등록대상】 등록대상 찾기

【상품류】

【지정 상품】

□ 우선권주장

□ 출원시의 특례주장

【상표유형】 상표유형 찾기

출처:특허로

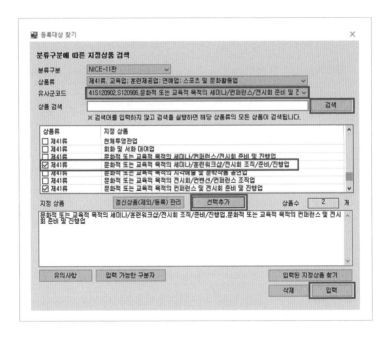

5. [등록대상 찾기] 창에서 해당하는 상품류(부록 참조)를 선택한다.

6. 상품검색란에 지정상품과 관련 키워드를 입력 후 검색을 클릭한다.

7. 상표가 사용될 각각의 지정상품을 선택 후 선택추가를 클릭한다.

   (복수 선택 가능하며 기본 20개 물품까지 기본비용이 적용됨.)

8. 지정상품 선택이 완료되면 하단의 입력을 클릭한다.

상품류, 유사군 코드, 지정 상품이란?

상표권이 사용될 각각의 상품을 지정하는 과정

상품류: 1~45류로 나눠지며 상표가 사용될 상품의 국제적인 분류

유사군 코드: 비슷한 유형의 상품끼리 그룹화 시켜 놓은 코드

지정상품: 상표로 사용하거나 사용하고자 하는 각각의 상품

예) 상표권이 사용될 상품: 골프화

    상품류 : 제25류 – 의류, 신발, 모자

    유사군 코드 : G270101

    지정상품 : 골프화

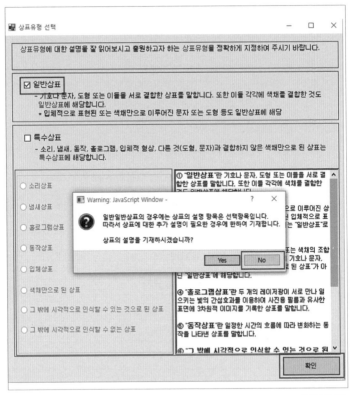

9. 상표등록출원서의 상표유형찾기를 클릭한다.

10. [상표유형 선택] 창에서 일반상표를 선택 후 하단의 확인을 클릭한다.

   (특수상표의 경우 특수상표 선택)

11. 일반상표의 설명 기재 여부를 묻는 창은"NO"를 클릭한다.

12. 상표등록출원서 하단의 [상표견본] 찾기를 클릭한다.

13. [이미지 선택] 창에서 파일찾기를 클릭해 준비한 상표견본 이미지 선

택 후 확인을 클릭한다.

14. 통합서식작성기 화면 상단의 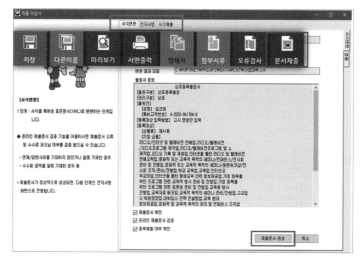클릭한다.

15. 파일이름을 입력 후 저장을 클릭한다.

16. 통합서식작성기 화면 상단의 클릭 후

"서지사항이 정상적으로 작성되었습니다." 라는 창이 뜨면 확인을 클릭한다.

온라인 문서 제출하기

※온라인 문서제출은 서식변환- 전자서명- 서식제출의 3단계를 거쳐 제출

하게 된다.

1. 통합서식작성기 화면 상단의 문서제출을 클릭한다.

2. 제출문서 생성을 클릭한다.

3. 공동인증서 로그인 후 다음 단계를 클릭한다.

4. 온라인 사전검증 단계에서 검증결과 [정상]을 확인 후 다음단계를 클릭한다.

5. 전자서명을 위해 화면 중앙의 서명 버튼을 클릭 후 다음단계를 클릭한다.

6. 중복제출확인 단계에서 [중복아님]을 확인 후 다음단계를 클릭한다.

7. 서식제출 단계에서 온라인 제출을 클릭하면 상표권 출원이 완료된다.

수수료 납부하기

출처:특허로

※상표출원 후 다음날까지 수수료납부가 완료되지 않으면 상표출원이 취소됨.

1. 특허로 홈페이지 접속 후 로그인을 한다.

2. 수수료 관리- 수수료 납부를 클릭한다.

3. 온라인 납부를 클릭한다.

4. 최종 결제금액 확인 후 결제를 클릭한다.

5. 제출결과는 My특허로- 제출결과확인에서 확인 가능하다.

특허 준비 필승 노트

특허청 특허출원료 및 연차 비용

출원료

2021.02.15 기준 (★표는 면제·감면대상 수수료입니다.)

구분/권리		특허★	실용신안★	디자인★ 심사	디자인★ 일부심사	상표
전자출원 (온라인)	기본료	국 어 46,000원 외국어 73,000원	국 어 20,000원 외국어 32,000원	1디자인마다 94,000원	1디자인마다 45,000원	1상품류구분마다 62,000원 + 지정상품 가산금 ※ 특허청에서 고시하는 상품명칭만을 사용하여 출원하는 경우 1상품류구분마다 56,000원 + 지정상품 가산금
서면출원	기본료	국 어 66,000원 외국어 93,000원	국 어 30,000원 외국어 42,000원	1디자인 마다 104,000원	1디자인 마다 55,000원	1상품류구분마다 72,000원 + 지정상품 가산금
서면출원	가산료	명세서·도면·요약서의 합이 20면을 초과하는 1면마다 1,000원 가산	명세서·도면·요약서의 합이 20면을 초과하는 1면마다 1,000원 가산	없음	없음	없음
심사 청구료★	기본료	143,000원	71,000원	없음	없음	없음
심사 청구료★	가산료	44,000원 가산 (청구범위 1항마다)	19,000원 가산 (청구범위 1항마다)	없음	없음	없음

설정등록료★, 연차등록료★

권리		설정등록료 (1~3년분)	연차등록료 4~6년	연차등록료 7~9년	연차등록료 10~12년	연차등록료 13~25년	추가납부기간 납부시 가산료	
특허 (기본료+가산료)	기본료	매년 15,000원	매년 40,000원	매년 100,000원	매년 240,000원	매년 360,000원	1개월 까지	등록료의 3%
특허 (기본료+가산료)	가산료 (청구범위 1항마다)	매년 13,000원	매년 22,000원	매년 38,000원	매년 55,000원	매년 55,000원	2개월 까지	등록료의 6%
실용신안 (기본료+가산료)	기본료	매년 12,000원	매년 25,000원	매년 60,000원	매년 160,000원	(13~15년) 매년 240,000원	3개월 까지	등록료의 9%
실용신안 (기본료+가산료)	가산료 (청구범위 1항마다)	매년 4,000원	매년 9,000원	매년 14,000원	매년 20,000원	(13~15년) 매년 20,000원	4개월 까지	등록료의 12%
디자인	심사	매년 1디자인마다 25,000원	매년 35,000원	매년 70,000원	매년 140,000원	(13~20년) 매년 210,000원	5개월 까지	등록료의 15%
디자인	일부심사	매년 1디자인마다 25,000원	매년 34,000원	매년 34,000원	매년 34,000원	(13~20년) 매년 34,000원	6개월 까지	등록료의 18%

출처: 특허로

특허료 감면대상 및 증명서류

✔전액(100%)면제대상 및 증명서류
(대상 수수료) 출원료, 심사청구료, 최초 3년분의 특허(등록)료

면제대상	요건	증명서류
1. 국민기초생활보장법상 의료급여 수급자	발명(고안·창작)자가 출원인·특허권자·실용신안권자 또는 디자인권자와 같은 경우에 한함	국민기초생활보장법에 의한 증명서류
2. 국가유공자와 유족 및 가족 5·18민주유공자와 유족 및 가족 고엽제후유증환자·고엽제후유의증환자 및 고엽제후유증 2세환자 특수임무수행자와 유족 독립유공자와 유족 및 가족 참전유공자(본인)		당해 자격을 증명하는 서류 1통 예) 국가유공자증 사본 또는 국가유공자유족 확인원 사본 등
3. 장애인복지법상 등록 장애인		장애인복지카드사본 또는 장애인복지법에 의한 등록 장애인 증명서류
4. 학생[초·중·고의 재학생에 한함]		재학증명서
5. 만 6세 이상 만 19세 미만인 자		없음
6. 군 복무 중인 일반사병, 공익근무요원, 전환복무수행자(2012. 4. 1. 이후 출원, 심사청구, 설정등록하는 것부터 적용)		복무증명서

✔85%감면대상 및 증명서류
(대상 수수료) 출원료, 심사청구료, 최초 3년분의 특허(등록)료

감면대상	요건	증명서류
1. 만 19세 이상 만30세 미만인 자	ㅇ 발명(고안·창작)자가 출원인·특허권자·실용신안권자 또는 디자인권자와 같은 경우에 한함	ㅁ 없음
2. 만 65세 이상인 자		

✔70% 감면 대상 및 증명서류
(대상 수수료) 출원료, 심사청구료, 최초 3년분의 특허(등록)료

감면대상	요건	증명서류
1. 개 인	발명(고안·창작)자가 출원인·특허권자·실용신안권자 또는 디자인권자와 같은 경우에 한함	없음
2. 중소기업	ㅇ 중소기업기본법 제2조 제1항에 따른 중소기업	ㅇ 중소기업임을 증명하는 서류 - 세부 기준은 별도 표 참조

✔4~존속기간까지 특허(등록)료 50% 감면대상 및 증명서류

감면대상	요건	증명서류
1. 개 인	발명(고안·창작)자가 출원인·특허권자·실용신안권자 또는 디자인권자와 같은 경우에 한함	없음
2. 중소기업	ㅇ 중소기업기본법 제2조 제1항에 따른 중소기업	ㅇ 중소기업임을 증명하는 서류 - 세부 기준은 별도 표 참조
3. 공공연구 기관	ㅇ 기술의 이전 및 사업화 촉진에 관한 법률 제2조 제6호에 따른 공공연구기관 - 세부 기준은 별도 표 참조	ㅇ 공공연구기관임을 증명하는 서류 - 세부 기준은 별도 표 참조
4. 전담조직	ㅇ 기술의 이전 및 사업화 촉진에 관한 법률 제11조 제1항에 따른 전담조직 (고등교육법에 의한 국·공립학교에 설치하는 전담조직은 법인인 경우에 한함)	ㅇ 전담조직임을 증명하는 서류
5. 지방자치단체	ㅇ 지방자치법 제2조 제1항에 따른 지방자치단체	ㅇ 없음
6. 기술신탁관리기관	ㅇ 기술의 이전 및 사업화 촉진에 관한 법률 제35조의2 제6항에 따른 기술신탁관리기관 - 개인, 중소기업, 공공연구기관, 전담조직 또는 지방자치단체가 신탁을 설정하는 경우에 한함	ㅇ 기술신탁관리업 허가증 ㅇ 개인, 중소기업, 공공연구기관, 전담조직 또는 지방자치단체가 신탁을 설정한 사실을 증명하는 서류

출처: 특허로

공익 변리 지원 자격 및 준비서류

대상자	준비서류	
소기업	1. 사업자등록증사본(발명이 사업자등록증의 업무와 관련성이 있을 것) 2. 중소기업확인서 (발급처 : 중소기업현황정보시스템[새창]) ※ 중소기업 확인서 발급이 어려운 경우 최근 3년 매출액 및 자산총액을 확인할 수 있는 자료 (표준재무제표 등)	
학생(특수대학원생 제외)	다음 각 호의 서류 중 하나 1. 재학증명서 2. 휴학증명서 3. 재적증명서	
만 6세 이상 19세 미만인 자	주민등록표등본 또는 주민등록증	
군 복무 중인 일반사병, 공익근무 요원, 전환복무수행자	복무증명서	
독립유공자	본인	독립유공자증
	유족 또는 가족	독립유공자 유족증 또는 독립유공자 유족(가족)확인원
국가유공자	본인	국가유공자증
	유족 또는 가족	국가유공자 유족증 또는 국가유공자 유족(가족)확인원
5.18민주유공자	본인	5 · 18 민주유공자증
	유족 또는 가족	5 · 18 민주유공자 유족증 또는 국가유공자 유족(가족)확인원
특수임무유공자	본인	특수임무유공자증
	유족 또는 가족	특수임무유공자 유족증 또는 국가유공자 유족(가족)확인원
참전유공자	본인	국가유공자증
고엽제후유(의)증환자, 고엽제후유증2세환자	국가보훈대상자등록증 또는 고엽제후유(의)증환자 등 확인서	
「국민기초생활보장법」에 따른 의료급여, 교육급여, 주거급여 수급권자	수급자 증명서	
차상위계층	다음 각 호의 서류 중 하나 1. 차상위계층 확인서 (발급처: 복지로 또는 주민자치센터) 2. 차상위 본인 부담경감 대상자 증명서 (발급처: 국민건강보험공단) 3. 자활근로자 확인서 (차상위자활대상자로 한정함) 4. 장애인연금, 장애수당, 장애아동수당 대상자 확인서(발급처: 복지로 또는 주민자치센터)	
등록장애인	장애인등록증 사본 또는 장애인증명서	
다문화가족	1. 가족관계증명서 2. 주민등록표등본	

한부모가족	한부모가족 증명서			
예비청년창업자	1. 만 39세 이하 연령증빙서류 2. 사실증명 (사업자등록사실여부 / 발급처 : 홈택스[새창]) 3. 창업보육센터 입주 증빙서류 ※ 다만, 「창업보육센터 운영요령」(중소벤처기업부 고시)에 따라 중소벤처기업부 장관으로부터 지정된 창업보육센터에 한정함 전국 창업보육센터 현황 및 입주기업확인 [새창]			
청년창업자	1. 만 39세 이하 연령증빙서류 2. 사업자등록증 사본(사업개시일로부터 7년이 지나지 않은 자에 한정하며, 발명이 사업자등록증의 업무와 관련성이 있을 것) 3. 중소기업확인서 ※ 중소기업 확인서 발급이 어려운 경우 최근 3년 매출액 및 자산총액을 확인할 수 있는 자료 (표준재무제표 등)			

개인 월수입이 1인가구의 기준 중위소득 125% 이하인 사람
(2021년 기준 : 2,285,000원)
	소득이 있는 사람	1. 건강보험 가입 여부 확인 자료 : 건강보험자격득실확인서
		2. 소득확인 자료
		  가. 건강보험가입자 : 건강보험료납부확인서
		  나. 건강보험미가입자 : 근로소득원천징수영수증, 보수지급명세서,
		      국민연금산정용가입내역확인서, 국민연금
		      지급내역확인서, 소득금액증명 중 택일
			X	O

	무소득자	1. 건강보험 가입 여부 확인 자료 : 건강보험자격득실확인서
		(직장가입자의 경우 피부양자만 가능)
		2. 소득확인 자료
		  가. 직장가입자의 피부양자 및 건강보험미가입자
		    : 사실증명(신고사실없음)
		  나. 지역가입자 : 지역보험료 부과내역 확인서		

대기업과 분쟁 중인 중기업	1. 사업자등록증사본(발명이 사업자등록증의 업무와 관련성이 있을 것) 2. 중소기업확인서 (발급처 : 중소기업현황정보시스템[새창]) ※ 중소기업 확인서 발급이 어려운 경우 최근 3년 매출액 및 자산총액을 확인할 수 있는 자료 (표준재무제표 등)		X	O

출처: 공익변리사 특허상담센터

발명설명서 작성 예제

발명 고안 설명서

1. 발명(고안)의 명칭

* 발명의 내용을 가장 적절히 나타낼 수 있는 이름을 기재한다.

(발명의 기술 분야를 알 수 있도록 간단명료하게 기재)

2. 발명(고안)의 상세한 설명

(1) 발명의 대상

- 어떠한 것을 발명 대상으로 할 것인지를 기재한다.
- 예) 본 발명은 휴대폰의 폴더 개폐 장치에 관한 것으로, 특히 폴더의 상단부와 이에 대응하는 휴대폰 몸체의 상단부에 타원형의 베벨 기어구조로 설치되는 휴대폰의 폴더 개폐형에 관한 것이다.

(2) 종래기술에 대한 설명

- 본 발명이 해당하는 분야의 기존 제품 또는 방법에 대한 설명.
- 불편한 점, 해결해야 할 문제점, 개량할 점을 기재.

(3) 발명(고안)의 목적

- 본 발명에서 이루고자 하는 목적을 기재한다.

(4) 발명(고안)의 구성 및 작용, 동작 원리

- 2.(3)에서 설명한 목적을 달성하기 위한 방법 및 해결수단, 구성, 동작 원리 등을 기재한다.
  - 기계, 기구, 장치, 생활용품 등은 도면을 참조하여 구성요소들의 유

기적 결합관계, 상관동작관계, 작동순서(동작원리) 설명.

- 전기, 전자, 제어분야의 경우 회로도 또는 블록도를 첨부하여 구성, 작동순서 기재.

- 화학, 합금분야의 경우 조성원소, 조성 원소의 성분한정 구체적인 시험 예를 기재.

- 방법발명의 경우 최초 단계에서 최종 단계에 이르기까지 흐름도를 이용하여 각 단계별 공정을 순차적으로 설명.

(5) 발명(고안)의 효과

• 본 발명(고안)에 의해서만 나타나는 새로운 점, 성능, 효율의 향상 등을 구체적으로 열거한다.

3. 도면

• 발명(고안)의 기술 구성을 이해할 수 있는 도면을 작성(가급적 입체도) 경우에 따라 손으로 작성한 것도 가능(식별이 용이해야 함)

• 무엇을 나타내는 도면인지를 설명하고, 각 구성요소의 명칭을 기재.

출처: 대한변리사회

니스(NICE)국제상품분류표 (제11판)

· 상품류 구분

류구분	설명
제1류	공업/과학 및 사진용 및 농업/원예 및 임업용 화학제; 미가공 인조수지, 미가공 플라스틱; 소화 및 화재예방용 조성물; 조질제 및 땜납용 조제; 수피용 무두질제; 공업용 접착제; 퍼티 및 기타 페이스트 충전제; 퇴비, 거름, 비료; 산업용 및 과학용 생물학적 제제
제2류	페인트, 니스, 래커; 녹방지제 및 목재 보존제; 착색제, 염료; 인쇄, 표시 및 판화용 잉크; 미가공 천연수지; 도장용, 장식용, 인쇄용 및 미술용 금속박(箔) 및 금속분(粉)
제3류	비의료용 화장품 및 세면용품; 비의료용 치약; 향료, 에센셜 오일; 표백제 및 기타 세탁용 제제; 세정/광택 및 연마재
제4류	공업용 오일 및 그리스, 왁스; 윤활제; 먼지흡수제, 먼지습윤제 및 먼지흡착제; 연료 및 발광체; 조명용 양초 및 심지
제5류	약제, 의료용 및 수의과용 제제; 의료용 위생제; 의료용 또는 수의과용 식이요법 식품 및 제제, 유아용 식품; 인체용 또는 동물용 식이보충제; 플래스터, 외상치료용 재료; 치과용 충전재료, 치과용 왁스; 소독제; 해충 구제제; 살균제, 제초제
제6류	일반금속 및 그 합금, 광석; 금속제 건축 및 구축용 재료; 금속제 이동식 건축물; 비전기용 일반금속제 케이블 및 와이어; 소형금속제품; 저장 또는 운반용 금속제 용기; 금고
제7류	기계, 공작기계, 전동공구; 모터 및 엔진(육상차량용은 제외); 기계 커플링 및 전동장치 부품(육상차량용은 제외); 농기구(수동식 수공구는 제외); 부란기(孵卵器); 자동판매기
제8류	수동식 수공구 및 수동기구; 커틀러리; 휴대무기(화기는 제외); 면도기
제9류	과학, 항해, 측량, 사진, 영화, 광학, 계량, 측정, 신호, 검사(감시), 구명 및 교육용 기기; 전기의 전도, 전환, 변형, 축적, 조절 또는 통제를 위한 기기; 음향 또는 영상의 기록, 전송 또는 재생용 장치; 자기데이터 매체, 녹음디스크; CD, DVD 및 기타 디지털 기록매체; 동전작동식 기계장치; 금전등록기, 계산기, 정보처리장치, 컴퓨터; 컴퓨터 소프트웨어; 소화기기
제10류	외과용, 내과용, 치과용 및 수의과용 기계기구; 의지(義肢), 의안(義眼) 및 의치(義齒); 정형외과용품; 봉합용 재료; 장애인용 치료 및 재활보조장치; 안마기; 유아수유용 기기 및 용품; 성활동용 기기 및 용품
제11류	조명용, 가열용, 증기발생용, 조리용, 냉각용, 건조용, 환기용, 급수용 및 위생용 장치
제12류	수송기계기구; 육상, 항공 또는 해상을 통해 이동하는 수송수단
제13류	화기(火器); 탄약 및 발사체; 폭약; 폭죽
제14류	귀금속 및 그 합금; 보석, 귀석 및 반귀석; 시계용구
제15류	악기
제16류	종이 및 판지; 인쇄물; 제본재료; 사진; 문방구 및 사무용품(가구는 제외); 문방구용 또는 가정용 접착제; 제도용구 및 미술용 재료; 회화용 솔; 교재; 포장용 플라스틱제 시트, 필름 및 가방; 인쇄활자, 프린팅블록
제17류	미가공 및 반가공 고무, 구타페르카, 고무액(gum), 석면, 운모(雲母) 및 이들의 제품; 제조용 압출성형형태의 플라스틱 및 수지; 충전용, 마개용 및 절연용 재료; 비금속제 신축관, 튜브 및 호스
제18류	가죽 및 모조가죽; 수피; 수하물가방 및 운반용 가방; 우산 및 파라솔; 걷기용 지팡이; 채찍 및 마구; 동물용 목걸이, 가죽끈 및 의류
제19류	비금속제 건축재료; 건축용 비금속 경질관(硬質管); 아스팔트, 피치 및 역청; 비금속제 이동식 건축물; 비금속제 기념물
제20류	가구, 거울, 액자; 보관 또는 운송용 비금속제 컨테이너; 미가공 또는 반가공 뼈, 뿔, 고래수염 또는 나전(螺鈿); 패각; 해포석(海泡石); 호박(琥珀)(원석)
제21류	가정용 또는 주방용 기구 및 용기; 조리기구 및 식기(포크, 나이프 및 스푼은 제외); 빗 및 스펀지; 솔(페인트 솔은 제외); 솔 제조용 재료; 청소용구; 비건축용 미가공 또는 반가공 유리; 유리제품, 도자기제품 및 토기제품

제22류	로프 및 노끈; 망(網); 텐트 및 타폴린; 직물제 또는 합성재료제 차양; 돛; 하역물운반용 및 보관용 포대; 충전재료(종이/판지/고무 또는 플라스틱제는 제외); 직물용 미가공 섬유 및 그 대용품
제23류	직물용 실(絲)
제24류	직물 및 직물대용품; 가정용 린넨; 직물 또는 플라스틱제 커튼
제25류	의류, 신발, 모자
제26류	레이스 및 자수포, 리본 및 장식용 끈; 단추, 갈고리 단추(hooks and eyes), 핀 및 바늘; 조화(造花); 머리장식품; 가발
제27류	카펫, 융단, 매트, 리놀륨 및 기타 바닥깔개용 재료; 비직물제 벽걸이
제28류	오락용구, 장난감; 비디오게임장치; 체조 및 스포츠용품; 크리스마스트리용 장식품
제29류	식육, 생선, 가금 및 엽조수; 고기진액; 가공처리, 냉동, 건조 및 조리된 과일 및 채소; 젤리, 잼, 콤폿; 달걀; 우유 및 유제품; 식용 유지
제30류	커피, 차(茶), 코코아 및 대용커피; 쌀; 타피오카 및 사고(sago); 곡분 및 곡물조제품; 빵, 페이스트리 및 과자; 식용 얼음; 설탕, 꿀, 당밀; 식품용 이스트, 베이킹파우더; 소금; 겨자(향신료); 식초, 소스(조미료); 향신료; 얼음
제31류	미가공 농업, 수산양식, 원예 및 임업 생산물; 미가공 곡물 및 종자; 신선한 과실 및 채소, 신선한 허브; 살아있는 식물 및 꽃; 구근(球根), 모종 및 재배용 곡물종자; 살아있는 동물; 동물용 사료 및 음료; 맥아
제32류	맥주; 광천수, 탄산수 및 기타 무주정(無酒精)음료; 과실음료 및 과실주스; 시럽 및 음료수 제제
제33류	알코올 음료(맥주는 제외)
제34류	담배; 흡연용구; 성냥

• 서비스분류 구분

류구분	설명
제35류	광고업; 사업관리업; 기업경영업; 사무처리업
제36류	보험업; 재무업; 금융업; 부동산업
제37류	건축물 건설업; 수선업; 설치서비스업
제38류	통신업
제39류	운송업; 상품의 포장 및 보관업; 여행알선업
제40류	재료처리업
제41류	교육업; 훈련제공업; 연예오락업; 스포츠 및 문화활동업
제42류	과학적, 기술적 서비스업 및 관련 연구, 디자인업; 산업분석 및 연구 서비스업; 컴퓨터 하드웨어 및 소프트웨어의 디자인 및 개발업
제43류	식음료제공서비스업; 임시숙박업
제44류	의료업; 수의업; 인간 또는 동물을 위한 위생 및 미용업; 농업, 원예 및 임업 서비스업
제45류	법무서비스업; 유형의 재산 및 개인을 물리적으로 보호하기 위한 보안서비스업; 개인의 수요를 충족시키기 위해 타인에 의해 제공되는 사적인 또는 사회적인 서비스업

출처: 특허청

| 알기 쉬운 지식재산권 관련용어 |

보정각하: 법규에 허용되는 범위를 넘은 보정행위에 대하여 심사관 등 권한이 있는 자가 그 보정을 각하하는 처분을 말함.

전용실시권: 산업재산권 권리자가 타인에게 관련법의 본질에 위배되지 않는 한, 자신의 권리를 독점적으로 사용하게 하는 권리를 말하며 효력 발생을 위해서는 설정등록을 해야 함.

통상실시권: 산업재산권 권리자가 타인에게 일정한 범위 내에서 자신의 권리를 실시(사용)케 하는 권리이며 설정등록이 없이도 설정 효력이 발생함.

영업비밀보호제도: 부정경쟁방지 및 영업비밀보호에 관한 법률에 의해 영업비밀을 보호하는 제도로서 영업비밀이란 공연히 알려져 있지 아니하거나 독립된 경제적 가치를 가지는 것으로서 상당한 노력에 의하여 비밀로 유지된 생산방법, 판매방법 및 기타 영업활동에 유용한 기술상 또는 경영상의 정보를 말하는 것으로 민사적 구제수단으로 금지청구권, 손해배상청구권, 신용회복청구권 등이 있고 형사적 구제수단으로 전·현직 임직원이 영업비밀을 누출시켰을 경우 5년 이하의 징역이나 5천만 원 이하의 벌금에 처하고 외국으로 유출했을 경우에는 7년 이하의 징역, 1억 원 이하의 벌금에 처해짐.

PCT국제특허 출원제도: 특허협력조약에 가입한 나라 간에 특허를 좀 더 쉽게 획득하기 위해 출원인이 자국특허청에 출원하고자 하는 국가를 지정하여 PCT국제출원서를 제출하면 바로 그 날을 각 지정국에 출원서를 제출한 것으로 인정받을 수 있는 제도.

거절결정: 심사관의 거절 이유통지 이후 의견서 및 보정서 접수 후 의견서 또는 보정서 제출이 없는 경우 심사관은 재심사를 하여 등록여부를 결정하게 되는데 이때 등록거절하기로 한 심사관의 결정을 거절결정이라고 함.

등록결정: 심사관이 심사한 결과 부적법한 사유가 없을 때 특허권, 상표권 등의 권리를 설정한다는 뜻의 의사표시를 말함.

무효: 등록된 산업재산권이 심판 절차에 의하여 효력을 처음부터 상실하거나, 특허청에 대한 행정절차의 효력이 상실된 것을 말함.

소멸: 특허권 존속기간의 경과 또는 특허료의 불납 등으로 특허권이 상실된 것을 말함.

포기: 특허권자의 의사에 따라 특허권을 소멸시키는 법률행위로서 특허권자는 특허권을 포기할 수도 있고 특허청구 범위에 2 이상의 청구항이 있는 경우에는 각 청구항마다 포기도 가능함.

취하: 본인이 특허청 등에 신청한 출원, 심판, 신청 등을 처음부터 없었던 것으로 하는 행위.

기각심결: 심사 청구의 형식적 요건을 갖추었으나 그 내용을 심사하여 청구의 이유가 없다고 하여 원래의 처분을 인정하는 결정.

인용심결: 청구인의 청구를 받아들이는 심결.

의견서: 심사관의 의견제출 통지에 대하여 출원인의 의견을 기재하여 특허청

에 제출하는 서류.

보정서: 심사관이 제기하는 특허거절사유를 수정 또는 보충하여 특허청에 제출하는 서류.

공서양속: 선량한 풍속 및 기타 사회질서를 총칭하는 표현으로 여기에서 선량한 풍속이라 함은 일반적으로 성생활 또는 가족생활의 영역에서 준수하여야 할 도덕률을 의미함. 이에 대하여 사회질서라고 함은 집회, 결사의 자유, 직업선택의 자유, 선거의 자유와 같은 공고의 질서 및 공공의 이익을 내용으로 함.

방식심사: 출원서상의 기재사항이 법에서 기재하도록 하고 있는 기재요건에 합치하는지 여부를 판단하는 행정행위를 말함.

실체심사: 특허등록의 요건인 신규성, 진보성, 산업상 이용가능성을 출원 발명이 구비하고 있는 여부를 판단하는 행정행위를 말함.

심사청구: 심사업무를 경감하기 위하여 모든 출원을 심사하는 대신 출원인이 심사를 청구한 출원에 대해서만 심사하는 제도.

출원공개: 출원공개제도는 출원 후 1년 6개월이 경과하면 그 기술내용을 특허청이 공보의 형태로 일반인에게 공개하는 제도.

설정등록과 등록공고: 특허결정이 되면 출원인은 등록료를 납부하여 특허권을 설정등록하게 되고 이때부터 권리가 발생됨. 설정등록 된 특허출원 내용을 등록공고로 발행하여 일반인에게 공표함.

거절결정불복심판: 거절결정을 받은 자가 특허심판원에 거절결정이 잘못되었음을 주장하면서 그 거절결정의 취소를 요구하는 심판절차.

무효심판: 심사관 또는 이해관계인(다만, 특허권의 설정등록이 있는 날부터 등록공고일 후 3월 이내에는 누구든지)이 특허에 대하여 무효사유(특허요건, 기재불비, 모인출원 등)가 있음을 이유로 그 특허권을 무효시켜 줄 것을 요구하는 심판절차로서 무효심결이 확정되면 그 특허권은 처음부터 없었던 것으로 간주함.

우선심사제도: 특허출원은 심사청구 순서에 따라 심사하는 것이 원칙이나, 모든 출원에 대해서 예외 없이 이러한 원칙을 적용하다 보면 공익이나 출원인의 권리를 적절하게 보호할 수 없는 면이 있어 일정한 요건을 만족하는 출원에 대해서는 심사청구 순위에 관계없이 다른 출원보다 먼저 심사하는 제도.

특허청구범위제출 유예제도: 출원일부터 1년 2개월이 되는 날까지(출원심사청구의 취지를 통지받은 경우에는 통지받은 날부터 3개월이 되는 날까지) 명세서의 특허청구범위 제출을 유예할 수 있는 제도.

심사유예신청제도: 늦은 심사를 바라는 요구에 맞춰 특허출원인이 원하는 유예시점에 특허출원에 대한 심사를 받을 수 있는 제도.

분할출원: 2 이상의 발명을 하나의 특허출원으로 신청한 경우 그 일부를 하나 이상의 출원으로 분할하여 출원하는 제도.

변경출원: 출원인은 출원 후 설정등록 또는 거절결정 확정 전까지 특허에서 실용신안 또는 실용신안에서 특허로 변경하여 자신에게 유리한 출원을 선택할 수 있는 제도.

재심사청구(심사전치) 제도: 심사 후 거절결정된 경우 거절결정불복심판을 청구한 후 명세서를 보정한 건에 대해 다시 심사를 했으나(심사전치제도) 개정특허법에 따라 거절결정 후 심판청구를 하지 않더라도 보정과 동시에 재심사를 청구하면 심사관에게 다시 심사받을 수 있음(재심사청구제도).

직무발명: 종업원 등이 그 직무에 관하여 발명한 것이 성질상 사용자, 법인 또는 국가나 지방자치단체의 업무범위에 속하고, 그 발명을 하게 된 행위가 종업원 등의 현재 또는 과거의 직무에 속하는 발명을 말함. 특허법 제39조에서는 직무발명의 개념 및 성립요건, 권리의 귀속에 대하여 규정하고 있으며, 특허법 제40조에서는 직무발명의 보상에 대하여 규정하고 있음.

우리는 지금까지 발명을 새롭게 이해하고 일상 속에서 느낀 불편함을 바탕으로 아이디어를 떠올려 발명을 완성한 후 특허까지 출원하는 과정을 알아보았다. 이러한 과정에서 막연히 어렵게만 느껴졌던 발명이 사실 간단한 생각의 전환만으로도 누구나 할 수 있는 분야라는 것을 깨달았을 것이다. 그리고 그동안 가졌던 선입견들이 사실은 우리가 지금까지 발명을 제대로 배우거나 접해보지 못했던 이유였다는 것도 알게 되었을 것이다.

4차 산업혁명이 이끄는 근 미래. 지금은 어느 때보다 창의적 문제해결능력을 필요로 하고 있다. 이를 증명하듯 많은 기업들 역시 독창적인 아이디어로 기업의 미래를 바꿀 수 있는 창의적 인재들을 찾고 있다. 익숙함 속에서 문제를 발견하고 그 안에서 새로움을 창조해 나가는 것. 이렇듯 발명은 처음부터 정해진 문제도 없고 정해진 답도 없는 그야말로 창의성 그 자체라 말할 수 있다. 익숙한 생각은 언제나 익숙한 결과만을 가져오지만 그 익숙함에 조금의 낯설음을 더한다면 우리는 지금까지 경험하지 못했던 새로움을 얻게 될 것이다.

혹자는 내게 이런 질문을 한다. 대체 발명을 왜 배워야 하냐고. 나는 이런 대답을 해주고 싶다. 그 이유는 바로 앞으로의 세상이 창의적인 인재들을 절실히 원하고 있고 발명이야말로 이런 창의성을 성장시킬 수 있는 가장 확실하고 효과적인 방법이기 때문이라고. 머지않아 우리는 그동안 보지 못했던 많은 변화들을 경험하게 될 것이다. 이러한 과정 속에 지금껏 나를 돋보이고 증명하기 위해 애써왔던 수많은 스펙들 역시 그 변화의 물결과 함께할 것이다. 창의성은 미래의 원동력이며 이제는 이런 나만의 창의성을 보여주기 위한 방법을 찾아야 할 때이다. 발명을 한다는 것 그 결과 세상에 단 하나뿐인 특허를 받는다는 것은 이러한 창의성을 보여줄 수 있는 좋은 방법이 될 것이라는 것을 나는 믿어 의심치 않는다. 이것이 바로 우리가 발명을 배워야 하는 이유인 것이다.

또 이렇게 길러진 발명적 사고는 사람을 창의적으로 변화시켜 나가며 그로 인해 생각하지도 못했던 새로운 결과를 얻게 되기도 한다. 평범한 호떡에 아이스크림을 결합함으로써 아이스크림호떡이라는 환상의 조합을 만들어 낼 수도 있으며 스마트폰에 펜을 내장한다는 아이디어 하나로 흉내낼 수 없는 독특한 시그니처 모델을 탄생시킬 수도 있게 되는 것이다. 이렇듯 창의적 발상은 레드오션에서 나만의 블루오션을 구축할 수 있는 무한한 가능성을 가지고 있다. 이것이 바로 창의성이 가진 힘이고 매력이다.

다른 모든 일들이 그렇듯 특허가 반드시 성공을 보장해주지는 않는다. 얼마나 좋은 발명으로 소비자의 관심과 구매력을 자극할 것인가. 얼마나 강한 특허를 받아 내 권리를 효과적으로 보호할 수 있을 것인가. 또 이를 기반으로 얼마나 진취적인 사업을 펼쳐 나갈 것인가. 이런 일련의 과정 하나하나가 모두 성공을 결정짓는 요소이기 때문이다. 하지만 분명한 것은 기회는 누구에게나 공평하게 있다는 것과 이러한 기회를 성공으로 바꾸는 열쇠는 당신의 아이디어와 열정에 있다는 것이다.

발명과 특허라는 일반인에게 다소 친숙하지 않은 주제로 글을 써

오며 많은 생각과 고민을 했었다. 어떤 소재를 활용해야 보다 재미있게 발명을 배울 수 있을까? 어떻게 설명해야 특허를 좀 더 쉽게 이해할 수 있을까? 그렇게 2년이라는 시간을 고군분투했던 책을 마무리 지으며 고마움을 전하고 싶은 분들이 있다. 먼저 나를 글쓰기의 세계로 안내해준 누나인 김선희 작가님과 책의 완성도를 높이는데 많은 도움을 주신 특허청 박재원, 박영근 심사관님 또 귀중한 시간 인터뷰에 응해주신 발명가 정디슨님, 변리사 이동기님 그리고 예비 발명가들에게 귀감이 되어주신 여러 기업인들과 강릉아산병원 진단검사의학과 동료직원들 마지막으로 항상 곁에서 힘이 되어주는 사랑하는 가족들과 소중한 벗들에게 고마움을 전하며 책을 마친다.

여행 같은 일상을 사는 곳 강릉에서

저자 김상준

누구나 따라 할 수 있는 **돈이 되는 발명 ★ 특허**

초판 1쇄 인쇄 _ 2021년 9월 25일
초판 1쇄 발행 _ 2021년 9월 30일

지은이 _ 김상준
펴낸곳 _ 바이북스
펴낸이 _ 윤옥초
기획 _ (주)엔터스코리아 책쓰기브랜딩스쿨
책임 편집 _ 김태윤
책임 디자인 _ 이민영

ISBN _ 979-11-5877-267-3 03500

등록 _ 2005. 7. 12 | 제 313-2005-000148호

서울시 영등포구 선유로49길 23 아이에스비즈타워2차 1005호
편집 02)333-0812 | **마케팅** 02)333-9918 | **팩스** 02)333-9960
이메일 postmaster@bybooks.co.kr
홈페이지 www.bybooks.co.kr

책값은 뒤표지에 있습니다.
책으로 아름다운 세상을 만듭니다. — 바이북스

미래를 함께 꿈꿀 작가님의 참신한 아이디어나 원고를 기다립니다.
이메일로 접수한 원고는 검토 후 연락드리겠습니다.